Word+
Excel+
PPT+
PS+
远程办公 +
PDF 文件处理

6合1
办公高手速成

神龙工作室 ●●●●●●● 编著

人民邮电出版社
北 京

图书在版编目（CIP）数据

Word+Excel+PPT+PS+远程办公+PDF文件处理6合1办公高手速成 / 神龙工作室编著. -- 北京 ：人民邮电出版社，2022.4
ISBN 978-7-115-55506-9

Ⅰ．①W… Ⅱ．①神… Ⅲ．①办公自动化－应用软件 Ⅳ．①TP317.1

中国版本图书馆CIP数据核字(2020)第253079号

内 容 提 要

本书以解决实际工作中的常见问题为导向，以提高工作效率为目标，以大量实际工作经验为基础，介绍职场人士需要掌握的日常办公技能，包括Word文档编辑、Excel表格制作与数据分析、PPT设计与制作、Photoshop图像处理、远程办公、PDF文件处理等6项技能。全书分5篇，共16章。第1篇主要介绍如何高效地制作规范且专业的Word文档；第2篇介绍如何利用Excel高效处理与分析数据；第3篇介绍如何快速打造一份完美的PPT；第4篇介绍Photoshop在日常办公中的应用；第5篇介绍远程办公及PDF文件编辑的相关内容。

本书既适合零基础且想快速掌握办公技能的读者学习，又可以作为广大职业院校的教材及企事业单位的培训用书。

◆ 编　著　神龙工作室
　　责任编辑　马雪伶
　　责任印制　胡　南

◆ 人民邮电出版社出版发行　　北京市丰台区成寿寺路 11 号
　　邮编　100164　　电子邮件　315@ptpress.com.cn
　　网址　https://www.ptpress.com.cn
　　北京九州迅驰传媒文化有限公司印刷

◆ 开本：700×1000　1/16
　　印张：23　　　　　　　　　　2022 年 4 月第 1 版
　　字数：460 千字　　　　　　　2024 年 12 月北京第 20 次印刷

定价：99.90 元

读者服务热线：(010)81055410　印装质量热线：(010)81055316
反盗版热线：(010)81055315
广告经营许可证：京东市监广登字 20170147 号

前言 / PREFACE

为什么需要熟练使用常用软件?

人在职场,无论是从事行政文秘、人力资源、市场营销及财务会计等工作的普通职员,还是高级管理人员,熟练地使用常用软件,不仅能少加班,还能在职场中获得更多的展示机会。

工作中你是否遇到过以下问题?

① 编辑 Word 文档,页眉中的横线怎么也去不掉。

② 别人既能快速做出 Excel 数据报表,又能将数据分析结果多维度、可视化地呈现出来,而你却总是熬夜加班还出错。

③ 述职、岗位竞聘、工作总结……这些本应该是给领导留下深刻印象的机会,却因为自己的 PPT 太差,一次次地错失了。

④ 工作中难免会碰到需要抠图、换背景、去水印的情况,你却不会用 Photoshop。

⑤ 出差在外,领导发来文件,你不能及时处理,只因不懂远程办公。

⑥ 合作伙伴发来的 PDF 文件,你想修改其中的文字,却不知用什么软件。

要想解决以上问题,快速掌握职场常用办公软件,你需要一本易学、易用的图书!

通俗易懂,易于上手　本书作者充分考虑了初学者的接受水平,使用通俗易懂的语言,介绍办公技能,哪怕你是职场小白,从来没有接触过办公软件,也能看得懂、学得会本书内容。

实例引导,活学活用　全面突破传统的按部就班的知识讲解模式,精选了丰富且实用的职场案例,将职场办公人员在工作中遇到的痛点融入案例中,以便读者学完本书内容后可以轻松完成日常工作。

一步一图，图文并茂 在介绍具体的操作步骤时，操作步骤后面配有相应的插图及指示性标识，使读者能够直观地看到操作过程及效果，更高效地完成本书内容的学习。

扫码观看，双轨学习 本书的配套教学视频与书中内容紧密结合，读者可以通过扫描书中二维码，在手机上观看视频，随时随地学习。

配套资源，方便练习 本书的配套资源中包含了书中案例的素材文件和结果文件，读者可以通过扫描下方的二维码获取文件下载链接。

资源获取方式

扫描下方二维码，关注"职场研究社"，回复"55506"，获取本书配套资源下载方式。

本书由神龙工作室编写，由于时间仓促，书中难免有疏漏和不妥之处，恳请广大读者不吝批评指正，我们会在适当的时间进行修订和补充。

本书责任编辑的联系邮箱：maxueling@ptpress.com.cn。

编者

目录 /CONTENTS

第 1 篇 提高效率，制作规范 Word 文档

第 1 章 Word 不只是文字容器

高手秘技

◎ 将文档保存为 PDF 格式，保证文件不失真　　◎ 软回车和硬回车的区别

第 2 章 文档的美化及高级排版

高手秘技

◎ 使用表格实现多图并列 ◎ 快速提取文档中的图片

第3章　高效率的文档处理神技

第2篇　高效工作，从此不再加班

第4章　Excel 数据录入

---- 高手秘技 ----

◎ 锁定部分单元格，使数据不能被修改　　　　◎ 在单元格里实现换行

第5章　数据整理与表格美化

---- 高手秘技 ----

◎ 凸显加班日期　　　　◎ 自动隔行填充底纹

第6章　排序、筛选与汇总数据

高手秘技

◎ 第一列的编号不参加排序　　　　　◎ 巧用排序制作工资条

第7章　图表与数据透视表

高手秘技

◎ 在图表中设置负值　　　　　◎ 拖曳数据项对数据透视表排序

第8章 不可不知的 Excel 常用函数

第9章 数据分析与可视化

第3篇 快速打造一份完美的 PPT

第10章 重新认识 PPT

第11章 PPT 实操术

第12章 PPT 动画放映及导出

高手秘技

◎ 动画刷的妙用　　　　　　　◎ 一键删除所有动画

第4篇 学会 Photoshop，进阶为职场达人

第13章 办公必备 PS 技能

第14章 提升职场竞争力的 PS 技能

第5篇 远程办公与 PDF 文件编辑

第15章 远程办公

第16章 PDF 编辑神器——Acrobat

第1篇

提高效率，制作规范Word文档

第1章

Word 不只是
文字容器

通过学习本章内容，读者不仅可以熟练地制作一份让领导满意的项目计划书，还可以学到一些工作中的小技巧。

关于本章知识，本书配套教学资源中有相关的素材文件及教学视频，读者也可以扫描书中的二维码进行学习。

1.1 这些情况你遇到过吗

在编辑 Word 文档时，我们会遇到各种各样的问题，对于遇到的问题，我们应该怎样解决呢？下面我们根据工作中经常遇到的问题进行详细介绍。

1.1.1 电脑突然断电，文档没保存

公司人力资源部要制作一份员工请假制度的文档，文档内容很多，在输入内容时，公司突然断电了，而输入的文档没有保存，人力资源部的员工只好重新输入内容。为了避免这种情况再次发生，我们可以对文档进行保存。

配 套 资 源
第1章\公司员工请假制度—原始文件
第1章\公司员工请假制度—最终效果

扫码看视频

说到文档的保存，我们首先想到的是组合键【Ctrl】+【S】。使用组合键是很方便，但是需要在编辑文档时不断按【Ctrl】+【S】组合键，有没有更加方便的保存方式呢？下面我们来看一下。

STEP 01 打开本实例的原始文件，❶单击【文件】按钮，在弹出的界面中❷单击【选项】选项。

STEP 02 弹出【Word选项】对话框，❶切换到【保存】选项卡，在【保存文档】组合框中的【将文件保存为此格式】下拉列表中选择文件的保存类型，❷这里选择【Word文档（*.docx）】选项，然后勾选【保存自动恢复信息时间间隔】复选框，并在其右侧的微调框中设置文档自动保存的时间间隔，如设置为5分钟，然后❸单击【确定】按钮。设置完成后，系统每隔5分钟会自动保存文档。

> **提 示**
>
> 建议设置的时间间隔不要太短，如果间隔太短，Word 频繁地执行保存操作，容易导致死机，影响工作。

1.1.2 段落前的自动编号如何删除

在编辑考勤制度文档时，经常需要输入编号，例如"1." "一、" "第一，" 等，在输入完一段文字后，按【Enter】键，Word 会自动产生编号。如果不希望这样，可以取消自动编号，方法有以下几种。

扫码看视频

配 套 资 源
第1章\公司考勤制度—原始文件
第1章\公司考勤制度—最终效果

方法 1：快捷键法。出现自动编号后，再按一次【Enter】键或者按【Ctrl】+【Z】组合键即可。

方法 2：可以在文档中直接取消自动编号，具体的操作步骤如下。

STEP 01 打开本实例的原始文件，在光标闪烁位置输入文本"一、总则"，然后按【Enter】键，此时在文本左侧出现【自动更正选项】按钮。

STEP 02 将鼠标指针移动到【自动更正选项】按钮上，此时按钮右侧会出现一个下拉按钮，1单击此下拉按钮，然后从弹出的下拉列表中2选择【停止自动创建编号列表】选项即可。

方法 3：永久取消自动编号，具体操作步骤如下。

STEP 按照前面介绍的方法打开【Word选项】对话框，❶切换到【校对】选项卡，然后 ❷单击【自动更正选项】按钮，弹出【自动更正】对话框，❸切换到【键入时自动套用格式】选项卡，❹取消勾选【自动编号列表】复选框，❺单击【确定】按钮，返回【Word选项】对话框。❻单击【确定】按钮，返回文档中，即可永久取消自动编号。

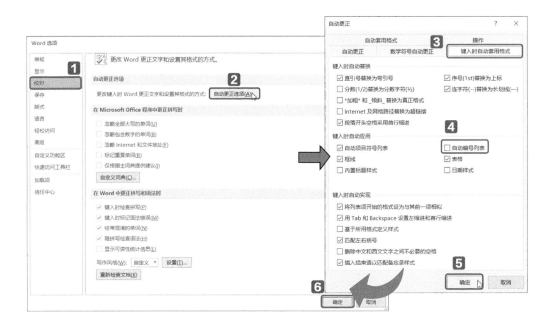

1.1.3 文档损坏，如何恢复

在日常编辑文档的过程中，意外关机、程序运行错误等特殊情况会导致 Word 文档损坏、未保存或者不能打开，此时可以利用 Office 自带的修复功能进行修复。

配 套 资 源
第1章\公司员工请假制度1—原始文件
第1章\公司员工请假制度1—最终效果

扫码看视频

STEP 01 打开本实例的原始文件，❶单击【文件】按钮，在弹出的界面中❷单击【打开】选项，在【打开】界面中❸单击【浏览】按钮，弹出【打开】对话框。按【Ctrl】+【O】组合键，也可以弹出【打开】对话框。

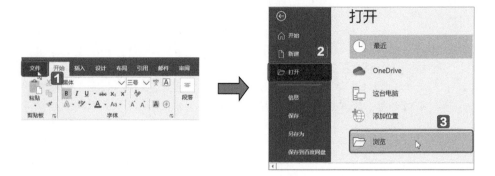

STEP 02 选择需要修复的文档，**1**例如选择"公司员工请假制度1—原始文件.docx"，然后**2**单击【打开】按钮右侧的下拉按钮，在弹出的下拉列表中选择**3**【打开并修复】选项即可。

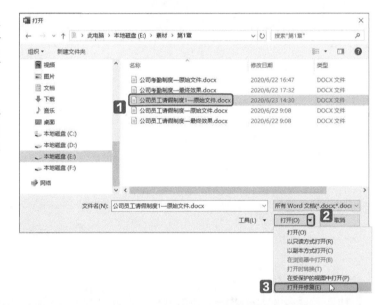

1.1.4 输入邮箱后如何取消超链接

在日常工作中，有时需要在 Word 中输入邮箱的地址，但是输入后地址就会自动转变为超链接的状态，稍不注意点击链接，就会自动跳转。若要去除超链接，在邮箱地址或网址上单击鼠标右键，在弹出的快捷菜单中选择【取消超链接】选项即可，如果想彻底避免这种情况，需要禁止 Word 将输入的邮箱或网址自动转为超链接，方法如下。

扫码看视频

配 套 资 源
第1章\公司考勤制度1—原始文件
第1章\公司考勤制度1—最终效果

STEP 按照前面介绍的方法打开【Word选项】对话框，**1**切换到【校对】选项卡，然后**2**单击【自动更正选项】按钮，弹出【自动更正】对话框，**3**切换到【键入时自动套用

格式】选项卡，❹取消勾选【Internet及网络路径替换为超链接】复选框，❺单击【确定】按钮，返回【Word选项】对话框。❻单击【确定】按钮，返回文档中，即可永久取消自动链接。

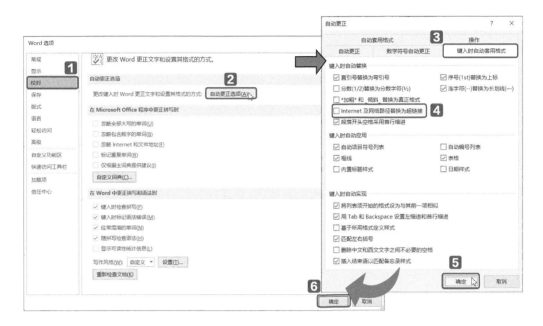

1.1.5 输入内容后自动替换了后面的内容

在日常编辑文档的过程中，有时会遇到这样的情况：在文档中间输入文字时，新输入的文字会覆盖后面的内容。这是因为打开了 Word 的改写功能。如果用户想继续在该处输入文字而不替换已有文字，就必须关闭改写功能。其方法有如下 3 种。

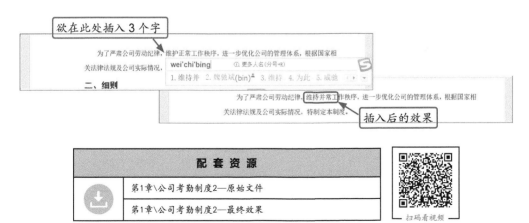

配 套 资 源	
第1章\公司考勤制度2—原始文件	
第1章\公司考勤制度2—最终效果	

扫码看视频

方法 1：打开 Word 文档，按【Insert】键即可。
方法 2：在【Word 选项】中更改，具体的操作步骤如下。

STEP 按照前面介绍的步骤打开【Word选项】对话框，**1**切换到【高级】选项卡，在【编辑选项】组合框中**2**取消勾选【使用改写模式】复选框，然后**3**单击【确定】按钮即可。

方法3：在 Word 文档中的状态栏上更改文档的编辑状态。

STEP 状态栏显示为【插入】时，文档可以正常编辑；当状态栏显示为【改写】时，在文档中新输入的内容会自动替换光标右侧的内容。单击该按钮可以在【插入】和【改写】之间切换。

提 示

　　如果状态栏中没有【改写】/【插入】选项，可以通过设置将其显示出来，具体方法：将光标定位在文档底端的状态栏上，单击鼠标右键，在弹出的快捷菜单中选择【改写】选项即可。

1.2 一份有说服力的项目计划书

项目计划书是指项目方为了争取项目工程所制作的计划书，针对项目进行了充分的市场调研，提供详细的项目说明、优秀团队展示和项目环境保护要点等，从而使合作方更了解项目的整体情况及公司的业务能力，也能让合作方判断该项目的可行性。

1.2.1 套用样式，文档编辑事半功倍

样式是指一组已经命名的字符和段落格式。在编辑文档的过程中，正确设置和使用样式可以极大地提高工作效率。文档套用样式后的效果如下图所示。

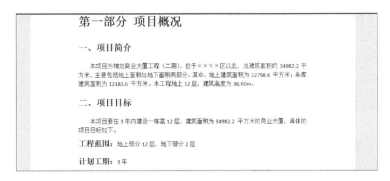

配 套 资 源	
第1章\项目计划书—原始文件	
第1章\项目计划书—最终效果	

扫码看视频

从下图中可以看到，原始文件中各段内容的格式完全一样，除了个别的内容有标题，其余内容只有段落没有层级，而标题部分也没有突出显示，排版非常混乱。为了避免这种情况，我们可以在文档中套用样式，这样不但可使文档层次分明，还可以美化文档，同时也可以节省调整文档格式所用的时间。

1. 套用系统内置样式

Word自带了一个样式库，用户既可以套用内置样式，也可以根据需要更改样式。

STEP 01 打开本实例的原始文件，选中要使用样式的一级标题文本"第一部分 项目概况"，①切换到【开始】选项卡，在【样式】组中②选择【标题1】选项。

STEP 02 使用同样的方法，选中要使用样式的二级标题文本"一、项目简介"，从弹出的【样式】下拉列表中选择【标题2】选项。

STEP 03 除了利用【样式】库之外，用户还可以利用【样式】任务窗格应用内置样式。选中要使用样式的三级标题文本"工程范围："，①切换到【开始】选项卡，②单击【样式】组右下角的对话框启动器按钮，弹出【样式】任务窗格，在【样式】列表框中③选择【标题3】选项。

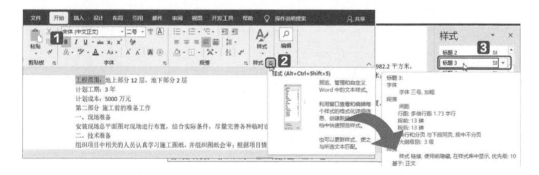

STEP 04 使用同样的方法可以设置其他标题的样式。

2. 自定义样式

◎ 新建样式

前面介绍了套用系统内置样式的方法，如果样式库中的样式不能满足需求，则可以自定义样式。新建样式的具体步骤如下。

STEP 01 选中要定义样式的正文文本"本项目为……36.60m。",在【样式】任务窗格中单击【新建样式】按钮。

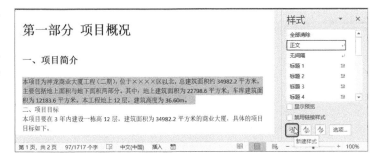

STEP 02 弹出【根据格式化创建新样式】对话框，**1** 输入新样式的名称"正文1"，在【后续段落样式】下拉列表中 **2** 选择【正文1】选项，在【格式】组合框中设置正文1的格式，应用"正文1"样式的内容就会显示在预览框中。如果需要对新建样式的字体和段落格式进行设置，**3** 单击【格式】按钮，在弹出的菜单中选择相应的选项进行设置即可，**4** 如选择【段落】选项。

STEP 03 弹出【段落】对话框，**1** 切换到【缩进和间距】选项卡，在【缩进】组合框中的【特殊】下拉列表中 **2** 选择【首行】选项，**3** 设置【缩进值】为【2字符】，**4** 单击【确定】按钮即可设置正文1的缩进。

● 修改样式

设置好文档的样式后，可以看到应用了【标题2】和【标题3】样式的文本不容易区分，为了方便阅读，可以对【标题3】样式进行修改，具体的操作步骤如下。

STEP 01 将光标定位到【标题3】文本中，在【样式】任务窗格中的【样式】列表框中选择【标题3】选项，然后单击鼠标右键，从弹出的快捷菜单中选择【修改】选项。

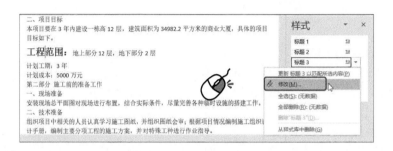

STEP 02 弹出【修改样式】对话框，可以查看【标题3】的样式，在【格式】组合框中的【字号】下拉列表中❶选择【四号】选项，然后❷单击【格式】按钮，在弹出的列表中❸选择【段落】选项，弹出【段落】对话框，❹设置段前和段后的间距均为8磅，❺单击【确定】按钮，返回【修改样式】对话框，再次❻单击【确定】按钮。

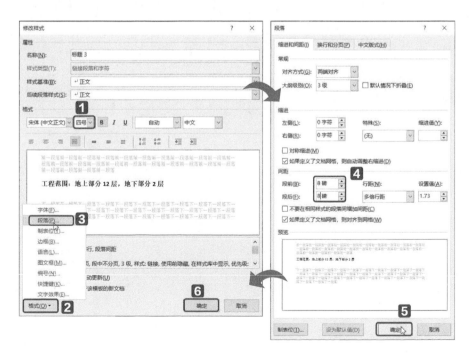

STEP 03 按照相同的方法，修改标题1、标题2和正文的样式即可。

3. 刷新样式

将内容的样式设置完成后，可以看到文档中类似的内容还没有应用样式，如果按照前面讲解的步骤逐个进行设置，非常费时费力，这时可以使用刷新样式的操作来解决这个问题。刷新样式的方法有使用鼠标和使用格式刷 2 种，这里我们重点介绍一下使用格式刷来刷新样式的方法（使用鼠标刷新样式的操作请观看本小节的视频学习），具体的步骤如下。

STEP 01 选中已经应用"标题 1"样式的一级标题文本，然后❶切换到【开始】选项卡，❷单击【剪贴板】组中的【格式刷】按钮，此时格式刷呈灰色底纹显示，说明已经复制了选中文本的样式。

STEP 02 将鼠标指针移动到文档的编辑区域，此时鼠标指针变成"小刷子"形状，滚动鼠标滚轮或拖曳文档中的垂直滚动条，将鼠标指针移动到要刷新样式的文本段落上，然后单击鼠标左键，此时该文本段落就自动应用格式刷复制的"标题1"样式。

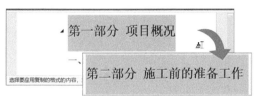

STEP 03 如果用户要将多个文本段落刷新成同一样式，可先选中已经应用了"标题1"样式的一级标题文本，然后双击【剪贴板】组中的【格式刷】按钮。

STEP 04 此时格式刷呈灰色底纹显示，说明已经复制了选中文本的样式，然后依次在想要复制该样式的文本段落中单击鼠标左键，相应的文本段落都会自动应用格式刷复制的"标题1"样式。

STEP 05 该样式刷新完毕，单击【剪贴板】组中的【格式刷】按钮，即可退出复制状态。使用同样的方式，用户可以刷新其他样式。

1.2.2 灵活运用项目符号和编号

项目符号和编号在 Word 文档中起强调作用，其本身没有任何意义。在文本内容前面添加项目符号和编号，对于文档的呈现很重要。

配 套 资 源
第1章\项目计划书1—原始文件
第1章\项目计划书1—最终效果

1. 插入项目符号和编号

插入项目符号和编号的步骤大致相同，唯一区别：项目符号是表示文本的并列关系，而编号是能表示文本先后顺序的，具有条理性。插入项目符号和编号能让文档层次分明，结构清晰，更易阅读。具体的操作步骤如下。

◎ 插入项目符号

STEP 01 打开本实例的原始文件，选中需要插入项目符号的文本，**1**切换到【开始】选项卡，在【段落】组中**2**单击【项目符号】按钮，在弹出的下拉列表中**3**选择【菱形】选项。

STEP 02 返回文档，可以看到文本前面已经插入了项目符号，得以突出显示。

◎ 插入编号

STEP 01 选中需要插入编号的文本，**1**切换到【开始】选项卡，在【段落】组中**2**单击【编号】按钮，在弹出的下拉列表中**3**选择一种合适的编号选项。

STEP 02 返回文档，可以看到文本前面已经插入了编号，使用同样的方法可插入其他的文档编号。

2. 设置项目符号和编号

如果插入的项目符号和编号不符合需求，可以自定义项目符号和编号，并对其进行设置。项目符号和编号的设置步骤相似，这里我们重点介绍项目符号的设置，编号的设置步骤请观看本小节的视频学习。设置项目符号的具体操作步骤如下。

STEP 01 选中需要设置项目符号的文本，在【段落】组中❶单击【项目符号】按钮，在弹出的下拉列表中❷选择【定义新项目符号】选项。

STEP 02 弹出【定义新项目符号】对话框，用户可以根据需要对项目符号的【符号】【图片】【字体】等进行调整。

STEP 03 设置好符号后，可以看到项目符号和文本之间的距离过大，这时可以通过调整缩进量来缩小其间距。选中插入项目符号的文本，单击鼠标右键，在弹出的快捷菜单中❶选择【调整列表缩进】选项，弹出【调整列表缩进量】对话框，❷设置【文本缩进】为【0.5厘米】，然后❸单击【确定】按钮，返回文档，可以看到符号和文本的间距缩小了。

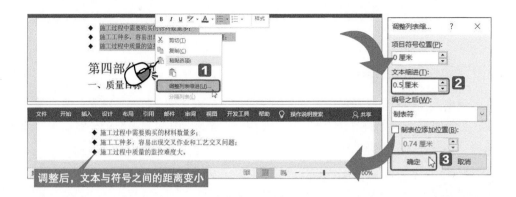

调整后，文本与符号之间的距离变小

1.2.3 使用分隔符让指定的内容从新的一页开始

在 Word 中输入文本内容时，要让章节的标题部分总是显示在新的一页的开始位置，可以插入分隔符，分隔符包含分页符和分节符。

配 套 资 源
第1章\项目计划书2—原始文件
第1章\项目计划书2—最终效果

扫码看视频

当文本或图形等内容填满一页时，Word 会插入一个自动分页符并开始新的一页。如果要在某个特定位置强制分页，可手动插入分页符，这样也可以保证章节标题总是从新的一页开始。

分节符是指为表示节的结尾插入的标记，分节符起着分隔其前面文本格式的作用，如果删除了某个分节符，其前面的文字就会合并到后面的节中，并且采用后者的格式；分节符是一种符号，显示在上一页结束以及下一页开始的位置。

STEP 01 打开本实例的原始文件，将光标定位在一级标题"第二部分 施工前的准备工作"行首，■切换到【布局】选项卡，在【页面设置】组中■单击【分隔符】按钮■，在弹出的下拉列表中■选择【分页符】区域中的【分页符】选项。

STEP 02 此时在文档中插入了一个分页符，光标之后的文本自动切换到了下一页。如果看不到分节符，可以■切换到【开始】选项卡，然后在【段落】组中■单击【显示/隐藏编辑标记】按钮。

STEP 03 将光标定位在一级标题"第三部分 项目施工"行首，**1**切换到【布局】选项卡，在【页面设置】组中**2**单击【分隔符】按钮，在弹出的下拉列表中**3**选择【分节符】区域中的【下一页】选项。

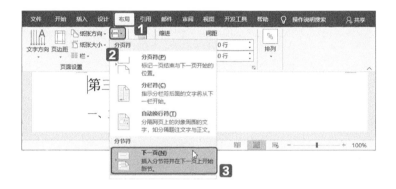

STEP 04 此时在文档中插入了一个分节符，光标之后的文本自动切换到了下一页。使用同样的方法，可在所有的一级标题前分页。

1.2.4 难搞定的页眉和页脚

为了使文档的整体显示效果更具有专业水准，文档创建完成后，通常还需要为文档添加页眉、页脚等元素；在制作 Word 文档的过程中，页眉和页脚的使用虽然简单，但在个别情况下也非常难处理，而对于 Word 文档的整体效果而言，页眉和页脚又有着不可小视的作用。

配 套 资 源
第1章\项目计划书3—原始文件
第1章\项目计划书3—最终效果

扫码看视频

1. 设置页眉

页眉常用于显示文档的附加信息，在页眉中既可以插入文本，也可以插入图片。下面以"项目计划书 3—原始文件"为例来进行介绍，在页眉中插入 logo 的具体操作步骤如下。

STEP 01 打开本实例的原始文件，在第1节中第1页的页眉位置双击鼠标左键，此时页眉处于编辑状态，同时激活【页眉和页脚工具】。

STEP 02 ❶切换到【设计】选项卡，在【选项】组中❷勾选【奇偶页不同】复选框。对文档分页后，为了断开各节之间的联系，只要在【导航】组中❸单击【链接到前一节】按钮，将其取消选择即可。

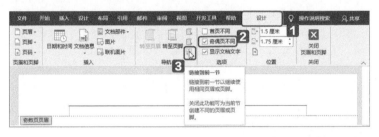

STEP 03 设置完成后，就可以在页眉中插入公司的logo了。将鼠标光标定位在奇数页中，然后输入"SHENLONG"，选中输入的内容，❶切换到【开始】选项卡，❷将其字体设置为【仿宋】，字号为【小二】，❸单击【字体颜色】按钮，在弹出的下拉列表中❹选择【蓝色，个性色1，深色25%】选项，设置好后将其移动到合适的位置即可。

STEP 04 使用同样的方法设置偶数页的页眉，然后切换到【设计】选项卡，在【关闭】组中单击【关闭页眉和页脚】按钮，返回文档中可以看到设置后的效果。

2. 去掉页眉中的横线

在编辑文档时，只要激活了【页眉和页脚工具】，那么不管页眉中有没有输入内容，都会出现一条横线，要去掉这条横线，具体的操作步骤如下。

STEP 选中页眉中的内容，❶切换到【开始】选项卡，在【段落】组中❷单击【边框】按钮，在弹出的下拉列表中❸选择【无框线】选项即可。

除了上面介绍的方法外，其他删除页眉中横线的方法这里不再详细介绍，请读者扫描本小节的二维码观看视频学习。

3. 设置页码

设置好页眉后，需要对页脚进行设置，页脚的设置一般是插入页码的设置。下面以案例中第 1 节的内容为例进行页码的设置，其他小节的页码设置请扫码观看视频学习。

默认情况下，Word 都是从首页开始插入页码的，但在 Word 文档中除了可以从首页开始插入页码以外，还可以使用"分节符"功能从指定页开始插入页码。下面我们重点介绍从首页开始插入页码的方法，其他的插入页码的步骤请扫描本小节的二维码观看视频学习。

STEP 01 在第1节中第1页的页脚处双击鼠标左键，此时页脚处于编辑状态。因为设置页眉时选中了【奇偶页不同】选项，所以此处的奇偶页码也要分别进行设置。将光标定位在奇数页的页脚中，❶切换到【插入】选项卡，在【页眉和页脚】组中❷单击【页码】按钮，从弹出的下拉列表中❸选择【页面底端】→❹【普通数字1】选项，即可在第1节中的奇数页中插入页码。

STEP 02 将光标定位在偶数页的页脚中，❶切换到【插入】选项卡，在【页眉和页脚】组中❷单击【页码】按钮，从弹出的下拉列表中❸选择【页面底端】→❹【普通数字3】选项，即可在第1节中的偶数页中插入页码。

STEP 03 此时在第1节中的奇偶数页底部都插入了页码。如果用户对系统自带的页码样式不满意，可以按照需求对页码进行字体格式的设置。设置完毕后，在【关闭】组中单击【关闭页眉和页脚】按钮。

4. 页码的编排

　　页码的编排与前面讲解的从首页开始插入页码的步骤类似，假设一个 Word 文档包含 5 部分内容，我们以"部分"为单位进行单独的页码编排，例如，第 1 部分有 2 页，第 2 部分有 3 页，第 3 部分有 2 页……第 1 部分页码用 1-1、1-2 来表示，第 2 部分用 2-1、2-2、2-3 来表示。遇到这样的情况，怎样编排页码呢？具体的操作步骤请扫描本小节的二维码观看视频学习，这里我们仅用几个步骤图来展示一下。

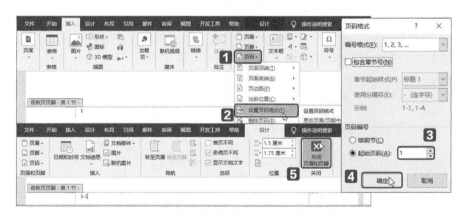

1.2.5　自动生成目录

　　项目计划书已经编写完成了，标题醒目，层级分明，条理清晰，为了方便阅读，接下来要为计划书制作目录。如果我们像输入计划书内容一样手动输入目录，不但效率低，而且容易出现版面格式混乱和页码出错的情况。为了版面美观，我们可以直接在文档中插入目录。

配 套 资 源	
第1章\项目计划书4——原始文件	
第1章\项目计划书4——最终效果	

扫码看视频

1. 设置大纲级别

使用目录可以使文档的结构更加清晰，便于阅读者对整个文档的内容进行定位。在生成目录之前，首先要根据文本的标题样式设置大纲级别；大纲级别设置完成后，再在文档中插入目录。

Word 是使用层次结构来组织文档的，大纲级别就是段落所处层次的级别编号。Word 提供的内置标题样式中的大纲级别都是默认设置的，用户可以直接生成目录。当然，用户也可以自定义大纲级别，例如分别将标题1、标题2和标题3设置成1级、2级和3级。设置大纲级别的具体操作步骤如下。

STEP 01 打开本实例的原始文件，将光标定位在标题"第一部分 项目概况"的文本上，■1切换到【开始】选项卡，■2单击【样式】组右下角的对话框启动器按钮 。

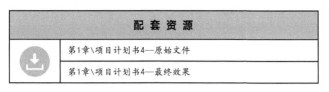

STEP 02 弹出【样式】任务窗格，在【样式】列表框中选择【标题1】选项，然后单击鼠标右键，从弹出的快捷菜单中选择【修改】选项。

STEP 03 弹出【修改样式】对话框，然后■1单击【格式】按钮，从弹出的下拉列表中■2选择【段落】选项，弹出【段落】对话框，■3切换到【缩进和间距】选项卡，在【常规】组合框中的【大纲级别】下拉列表中■4选择【1级】选项，■5单击【确定】按钮，返回【修改样式】对话框。再次■6单击【确定】按钮。返回Word文档，可以看到设置后的效果，将鼠标指针悬停在【样式】任务窗格中【标题1】的上方，可以看到标题1所使用的字体、段落等样式。

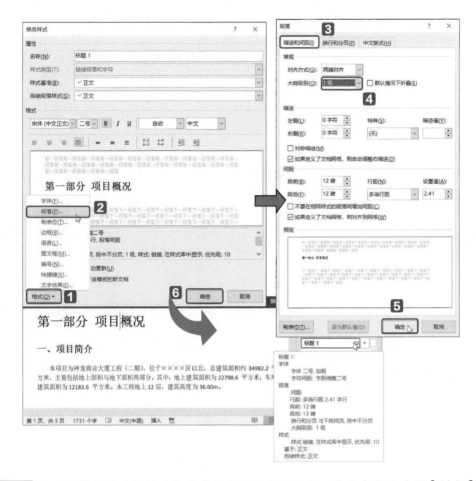

使用同样的方法设置文档中其他标题的大纲级别，设置完成后关闭【样式】任务窗格。

2. 生成目录

大纲级别设置完成后，就可以生成目录了，生成目录的具体操作步骤如下。

STEP 01 将光标定位到文档中第一行的行首，❶切换到【引用】选项卡，在【目录】组中❷单击【目录】按钮，从弹出下拉列表中选择【内置】中的目录选项即可，例如❸选择【自动目录1】选项。

STEP 02 返回Word文档，可以看到在光标所在位置自动生成了一个目录，效果如下图所示。

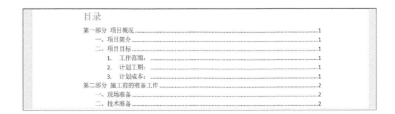

3. 修改目录

如果用户对插入的目录不满意，还可以修改目录或自定义个性化的目录，修改目录的具体步骤如下。

STEP 01 切换到【引用】选项卡，在【目录】组中单击【目录】按钮，在弹出的下拉列表中选择【自定义目录】选项。

STEP 02 弹出【目录】对话框，系统自动切换到【目录】选项卡，在【常规】组合框中的【格式】下拉列表中❶选择【来自模板】选项，❷单击【修改】按钮。

STEP 03 弹出【样式】对话框，在【样式】列表框中 1 选择【TOC1】选项，2 单击【修改】按钮，弹出【修改样式】对话框，在【格式】组合框中的【字体颜色】下拉列表中 3 选择【紫色】选项，然后 4 单击【加粗】按钮，5 单击【确定】按钮。

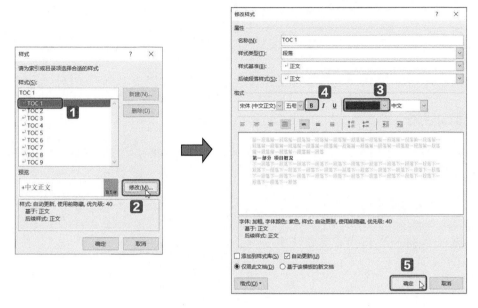

STEP 04 返回【样式】对话框，在【预览】组合框中可以看到"TOC1"的设置效果，单击【确定】按钮，返回【目录】对话框，在【Web预览】组合框中可以看到"TOC1"的设置效果，单击【确定】按钮，弹出【Microsoft Word】提示对话框，询问用户是否替换此目录，单击【是】按钮，返回文档可以看到设置后的效果。

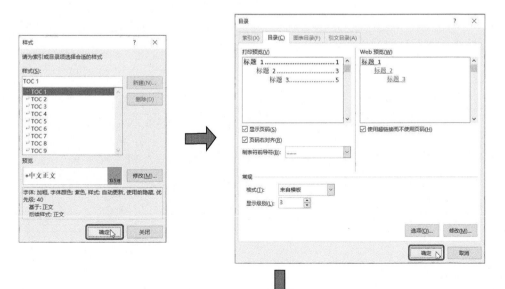

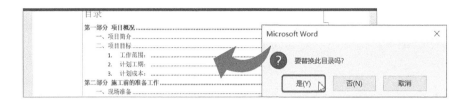

4. 更新目录

在编辑或修改文档的过程中，如果文档内容或格式发生了变化，例如按照前面介绍的插入分页符的方法在一级标题"第一部分 项目概况"前插入分节符，并更改一级标题的内容，则需要更新目录，更新目录的具体步骤如下。

STEP 01 将文档中第一个一级标题"第一部分 项目概况"的文本改为"第一部分 项目概要"，❶切换到【引用】选项卡，在【目录】组中❷单击【更新目录】按钮。

STEP 02 弹出【更新目录】对话框，在【Word正在更新目录，请选择下列选项之一：】组合框中❶选中【更新整个目录】单选钮，❷单击【确定】按钮，返回文档，可以看到目录已经更新。

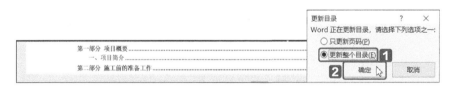

1.2.6 审阅与修改文档

在日常工作中，某些文件需要领导审阅或者经过大家讨论后才能够执行，这就需要在这些文件上进行一些批示或修改。Word 提供了批注、修订和更改等审阅工具，大大提高了办公效率。

配 套 资 源

| 第1章\项目计划书5—原始文件 |
| 第1章\项目计划书5—最终效果 |

扫码看视频

1. 添加批注

　　为了帮助阅读者更好地理解文档内容以及跟踪文档的修改情况，可以为 Word 文档添加批注，添加批注的具体操作步骤如下。

STEP 01 打开本实例的原始文件，选中要插入批注的文本，**1**切换到【审阅】选项卡，**2**在【批注】组中**3**单击【新建批注】按钮，随即在文档的右侧出现一个批注框，用户可以根据需要输入批注信息。Word的批注信息前面会自动加上用户名以及添加批注的时间。

STEP 02 如果要删除批注，可先选中批注框，**1**在【批注】组中**2**单击【删除】按钮，从弹出的下拉列表中**3**选择【删除】选项。

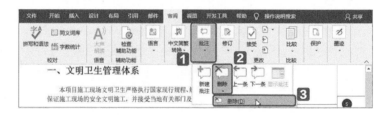

2. 修订文档

　　项目计划书制作完成后要交给领导审阅，但领导修改了什么内容，我们并不清楚，这样就容易造成工作上的失误。为了避免这种情况，我们可以使用 Word 提供的文档修订功能。在打开修订功能的状态下，系统将会自动跟踪对文档的所有更改，包括插入、删除和格式更改，并对更改的内容做出标记。修订文档的具体步骤如下。

STEP 01 ❶切换到【审阅】选项卡中，❷在【修订】组中❸单击【显示标记】按钮，从弹出的下拉列表中❹选择【批注框】→【在批注框中显示修订】选项，然后在【修订】组中❺单击【所有标记】按钮右侧的下拉按钮，从弹出的下拉列表中❻选择【所有标记】选项。

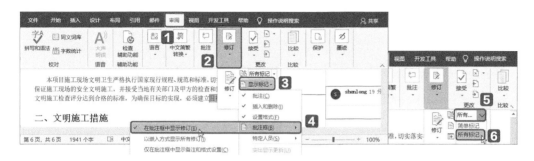

STEP 02 在Word文档中，切换到【审阅】选项卡，❶在【修订】组中❷单击【修订】按钮的上半部分，文档随即进入修订状态。

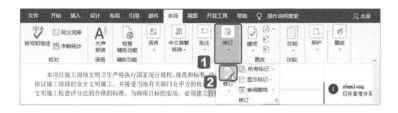

STEP 03 将文档的二级标题"文明卫生管理体系"的字号调整为"小二"，随即在右侧弹出一个批注框，并显示格式修改的详细信息。

STEP 04 当所有的修订完成以后，用户可以通过"导航窗格"功能通篇浏览所有的审阅摘要。切换到【审阅】选项卡，❶在【修订】组中❷单击【审阅窗格】按钮，从弹出的下拉列表中❸选择【垂直审阅窗格】选项，此时在文档的左侧出现一个导航窗格，显示审阅记录。

3. 更改文档

文档的修订工作完成以后，用户可以跟踪修订内容，并选择接受或拒绝，更改文档的具体操作步骤如下。

STEP 01 在Word文档中，切换到【审阅】选项卡，在【更改】组中单击【上一处修订】按钮或【下一处修订】按钮，可以定位到当前修订的上一条或下一条内容。

STEP 02 在【更改】组中①单击【接受】按钮的下拉按钮，从弹出的下拉列表中②选择【接受所有修订】选项。

STEP 03 审阅完毕，单击【修订】组中的【修订】按钮，退出修订状态。文档更改完成后，将更改后的文档进行保存。

高手秘技

将文档保存为 PDF 格式，保证文件不失真

在编辑 Word 文档的过程中，常常会使用某些特殊字体、插入了一些不规则的图表、采用了复杂的段落排版等。这些操作在文档转发给他人时容易出问题，轻则出现失真影响阅读，重则可能导致文档内容丢失甚至文档报错等。如何避免出现这种情况呢？

解决的办法是将 Word 文档保存为 PDF 格式。将 Word 文档转换为 PDF 格式且保持图像的分辨率的具体操作步骤如下。

STEP ❶单击【文件】按钮，从弹出的界面中❷单击【另存为】选项，弹出【另存为】界面，在界面中❸单击【这台电脑】选项，然后❹单击【浏览】按钮，弹出【另存为】对话框，在对话框左侧选择文件要保存的位置，在【保存类型】右侧的下拉列表中❺选择【PDF（*.pdf）】选项，然后❻单击【保存】按钮，就可以将Word文档保存为PDF格式。

软回车和硬回车的区别

在日常工作中，我们经常会使用到回车键（即【Enter】键），那么我们来了解下什么是软回车和硬回车。

所谓的软回车是指程序自动换行的符号或者是在文档编辑过程中按【Shift】+【Enter】组合键之后产生的一种向下的箭头符号↓；硬回车是指在文档编辑过程中直接按【Enter】键之后产生的一种向左弯曲的符号↵。

用软回车可以实现换行效果，但实际上换行后的内容与它的上一段内容仍然属于同一段，此时如果为这几段内容设置段落间距为 5 倍行距，会发现文档显示效果没有变化；而按下硬回车，它在换行的同时，表示另起一段文本内容。

第2章
文档的美化及高级排版

通过学习本章内容，读者不仅可以熟练地制作一份精美的简历，还可以制作有吸引力的招聘海报。

关于本章知识，本书配套教学资源中有相关的素材文件及教学视频，读者也可以扫描书中的二维码进行学习。

2.1 简历这样做才更打动人

个人简历是求职者给招聘单位发的一份自我介绍。现在工作一般都通过网络来找，因此简历的制作对于获得面试机会至关重要，接下来告诉你简历怎么做更能打动人。

本案例的制作可以分为以下 3 部分：第一部分是求职者的简要信息，包含标题（简历）、求职意向、自我评价和一张大方得体的照片，第一部分内容由文本框和图片来完成；第二部分是求职者的详细信息，包含个人信息、教育背景、个人技能和兴趣爱好，第二部分内容比较整齐，可以通过表格来输入；第三部分是求职者的实践经验，包括不同时间的不同工作内容，第三部分内容我们使用不同的色块来展示，色块不但可以为文档界面增添色彩，还可以丰富界面的元素形式，让案例更加充实。

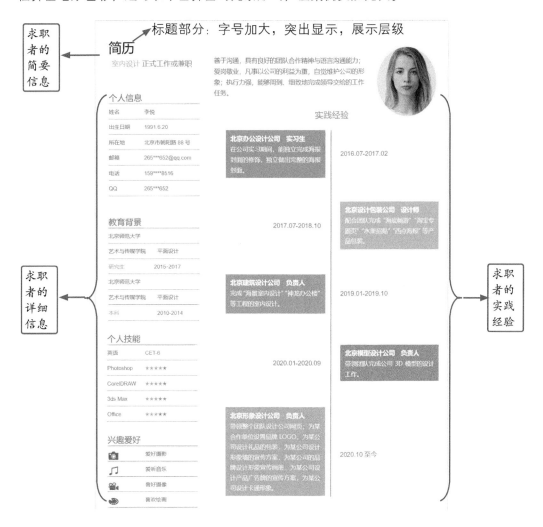

2.1.1 为文档设置页面

在制作简历时，需要对 Word 文档进行排版，而页面的设置是 Word 排版的重要选项。页面设置包含设置页边距、设置纸张方向等操作，为了方便后期制作简历，先要对文档进行页面设置，页面设置的具体操作步骤如下。

STEP 01 打开Word文档，**1**切换到【布局】选项卡，在【页面设置】组中**2**单击【页边距】按钮，在弹出的下拉列表中**3**选择【自定义页边距】选项。

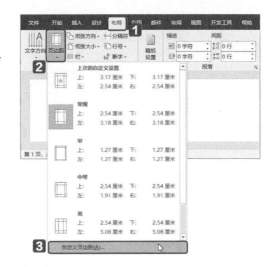

STEP 02 弹出【页面设置】对话框，系统自动切换到【页边距】选项卡，在【页边距】组合框中**1**将上、下、左、右边距都设置为0厘米，在【纸张方向】组合框中**2**选择【纵向】选项，然后**3**单击【确定】按钮，弹出【Microsoft Word】对话框，提示用户部分边距位于页面的可打印区域之外，**4**单击【忽略】按钮，返回Word文档，即可看到设置后的效果。

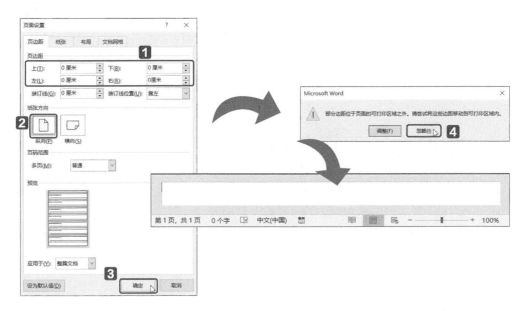

2.1.2 文本框与图片的处理技巧

在编辑 Word 文档时，通常需要使用文本框来输入文本，通过插入图片来美化文档。而在制作简历时，需要使用文本框来输入简历中要重点突出的标题和求职意向，从而告诉招聘人员自己要应聘什么职位，然后挑选一张大方得体的照片，以便给招聘人员留下良好的印象。

配 套 资 源
第2章\李悦—素材文件
第2章\个人简历—原始文件
第2章\个人简历—最终效果

扫码看视频

1. 插入并设置文本框

○ 插入文本框

设置好页面后，需要在页面中插入简历的标题和求职意向，这里我们可以通过插入文本框的方式来输入文本内容，插入文本框的具体操作步骤如下。

STEP 01 打开本实例的原始文件，❶切换到【插入】选项卡，在【文本】组中❷单击【文本框】按钮，在弹出的下拉列表中❸选择【绘制横排文本框】选项。

STEP 02 将光标移动到需要插入文本的位置，此时鼠标指针呈"十"字形状，按住鼠标左键不放，拖曳鼠标指针，即可绘制一个横排文本框。绘制完毕，释放鼠标左键即可。

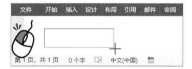

○ 设置文本框

插入的横排文本框默认底纹填充颜色为白色，边框颜色为黑色。为了使文本框与简历整体更加契合，可将文本框设置为无填充、无轮廓，设置文本框的具体操作步骤如下。

STEP 01 选中插入的文本框，❶切换到【格式】选项卡，在【形状样式】组中❷单击【形状填充】按钮右侧的下拉按钮，在弹出的下拉列表中❸选择【无填充】选项。

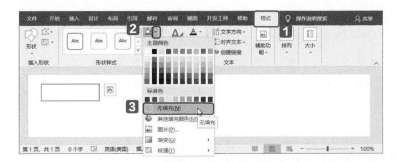

STEP 02 在【形状样式】组中 **1** 单击【形状轮廓】按钮右侧的下拉按钮，在弹出的下拉列表中 **2** 选择【无轮廓】选项，即可将文本框设置为无填充、无轮廓。

◯ 输入文本框内容

设置好文本框格式后，可以在文本框中输入内容，并设置输入内容的字体格式和段落格式。

首先输入简历的标题内容，标题部分要突出显示，字号需要设置得大一些，并将其字体设置为黑色，放在文档的开头位置；求职意向部分可以单独显示，这里将其设置为浅橙色。输入文本框内容的具体操作步骤如下。

STEP 01 在文本框中输入文本的标题"简历"，选中输入的文本，**1** 切换到【开始】选项卡，在【字体】组中的 **2**【字体】下拉列表中选择一种合适的字体，此处我们选择 **3**【微软雅黑】选项，即可将"简历"的字体设置为微软雅黑。

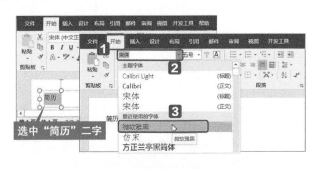

选中"简历"二字

STEP 02 文本框中默认字体大小为五号，为了使"简历"在整个文档中比较突出、醒目，可以将"简历"的字号调大，在【字体】组中的 **1**【字号】下拉列表中选择一种合适的字号，这里 **2** 选择【二号】选项。

选中"简历"二字

STEP 03 文本框中文字默认字体颜色为黑色，浓重的黑色会使文档整体显得比较压抑，可以适当将文字的字体颜色调浅一点。❶单击【字体颜色】按钮右侧的下拉按钮，❷在弹出的下拉列表中选择【主题颜色】中的【黑色，文字1，淡色5%】选项。

选中"简历"二字

STEP 04 在"简历"二字的下方绘制两个文本框，并将其设置为无轮廓、无填充。在第一个文本框中输入求职意向"室内设计"，并设置其格式，此处将字体设置为微软雅黑，字号设置为小四，字体颜色设置为浅橙色，方法如下。

STEP 05 ❶单击【字体颜色】按钮右侧的下拉按钮，❷在弹出的下拉列表中选择【其他颜色】选项。

STEP 06 弹出【颜色】对话框，❶切换到【自定义】选项卡，在【颜色模式】下拉列表中❷选择【RGB】选项，❸通过调整【红色】【绿色】【蓝色】微调框中的数值来选择合适的颜色，然后❹单击【确定】按钮。

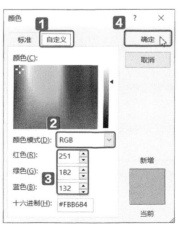

STEP 07 字体颜色设置完成后，效果如图所示。

STEP 08 在另一个文本框中输入"正式工作或兼职"，**1**将其字体设置为微软雅黑，字号设置为小四，字体颜色设置为浅灰色，**2**其RGB值为【182】【182】【182】。

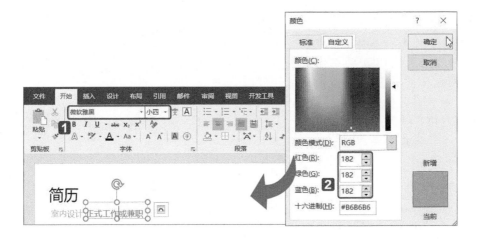

2. 插入并设置图片

◎ 插入图片

设置好标题和求职意向后，就可以在简历中插入图片了。为了给招聘者留下一个良好的印象，一张大方得体的照片必不可少，下面就来看看如何在 Word 中插入照片。

STEP 01 **1**切换到【插入】选项卡，**2**在【插图】组中**3**单击【图片】按钮，在弹出的下拉列表中**4**选择【此设备】选项。

STEP 02 弹出【插入图片】对话框，**1** 选择图片所在的位置，**2** 选择图片 "李悦—素材文件.jpg"，**3** 单击【插入】按钮，可以看到图片已经插入Word文档中了。

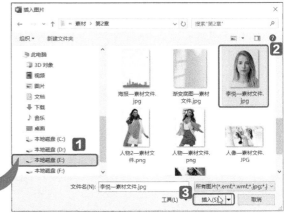

◯ 更改图片大小

插入图片后，还需要对图片的大小进行设置，具体的操作步骤如下。

STEP 01 选中插入的图片，**1** 切换到【格式】选项卡，在【大小】组中的【宽度】输入框中 **2** 输入 "3.6厘米"，即可看到图片的宽度调整为3.6厘米，同时高度的数值也发生了变化，这是因为系统默认图片是锁定纵横比的，所以当缩小图片的宽度时其高度也会等比例偏小。

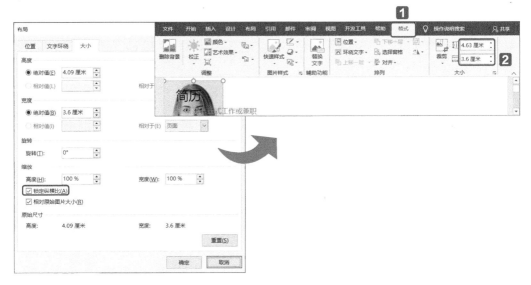

STEP 02 如果用户需要单独调整图片的宽度或高度，可以这样操作：单击【大小】组右侧的 **1** 对话框启动器按钮 ，弹出【布局】对话框，系统自动切换到【大小】选项卡，**2** 取消勾选【锁定纵横比】复选框，**3** 单击【确定】按钮，然后再调整图片的宽度或高度即可。

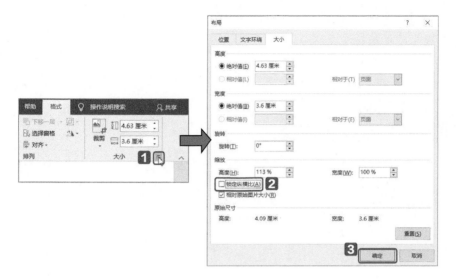

○ 调整图片位置

　　由于在 Word 中插入的图片默认是嵌入式的，嵌入式图片与文字处于同一层，图片好比单个的特大字符，被放置在两个字符之间。为了美观和方便排版，需要先调整图片的环绕方式，此处将图片环绕方式设置为"浮于文字上方"即可。设置图片环绕方式和调整图片位置的具体操作步骤如下。

STEP 01 选中图片，①切换到【格式】选项卡，在【排列】组中②单击【环绕文字】按钮，在弹出的下拉列表中③选择【浮于文字上方】选项。

STEP 02 设置好图片的环绕方式后就可以调整图片的位置了。①切换到【格式】选项卡，在【排列】组中②单击【位置】按钮，在弹出的下拉列表中③选择【其他布局选项】选项。

STEP 03 弹出【布局】对话框，❶切换到
【位置】选项卡，在【水平】组合框中❷
选中【绝对位置】单选钮，在【绝对位
置】后面的微调框中输入"16.68厘米"，
然后在其后面的【右侧】下拉列表中选择
【页面】选项；在【垂直】组合框中❸选
中【绝对位置】单选钮，在【绝对位置】
后面的微调框中输入"1.3厘米"，然后
在其后面的【下侧】下拉列表中选择【页
面】选项。❹单击【确定】按钮，可以看
到图片已经移动到了合适的位置。

⚪ 裁剪图片

在 Word 文档中可以看到，插入图片是方形的，略显呆板。这时可以使用 Word 的
图片裁剪功能，将图片裁剪为合适的大小和不同形状，如椭圆。将图片裁剪为椭圆的具
体操作步骤如下。

STEP 01 选中图片，❶切换到【格式】选
项卡，在【大小】组中❷单击【裁剪】按
钮的下部分，在弹出的下拉列表中❸选择
【裁剪】选项。

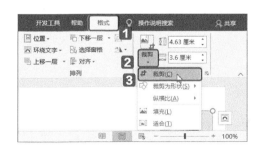

STEP 02 这时图片周围出现了8个控制点，
用户可以根据自己的需求来调整图片。

STEP 03 将图片裁剪为合适大小后，还可以将图片裁剪成任意形状。在【大小】组中❶
单击【裁剪】按钮的下部分，在弹出的下拉列表中❷选择【裁剪为形状】→【基本形
状】中的❸【椭圆】选项，返回Word文档，可以看到裁剪后的效果。

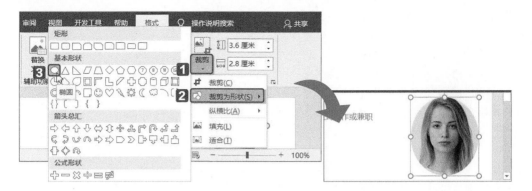

◎ 设置图片边框

　　由于这里选用的图片背景颜色比较浅，不太容易与文档背景区分，所以可以为图片添加一个边框。添加边框的具体操作步骤如下。

STEP 01 选中图片，**1**切换到【格式】选项卡，在【图片样式】组中**2**单击【图片边框】按钮右侧的下拉按钮，在弹出的下拉列表中选择**3**【粗细】→**4**【3磅】选项。

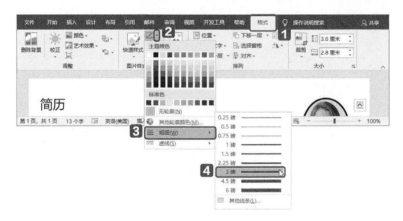

STEP 02 再次**1**单击【图片边框】按钮右侧的下拉按钮，在弹出的下拉列表中**2**选择【其他轮廓颜色】选项。

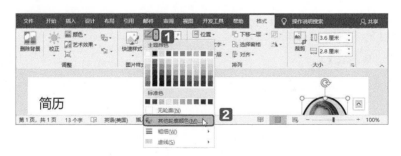

STEP 03 弹出【颜色】对话框，1切换到【自定义】选项卡，在【颜色模式】下拉列表中2选择【RGB】选项，3通过调整【红色】【绿色】【蓝色】微调框中的数值来选择合适的颜色，4单击【确定】按钮，返回Word文档，即可看到设置后的效果。

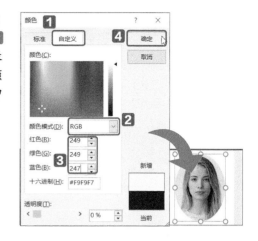

标题、求职意向和图片设置好后，我们需要输入自我介绍文字，这里我们可以按照前面介绍的插入文本框的方式来输入自我介绍。

STEP 01 插入一个无填充、无轮廓的文本框，然后在文本框中输入文本，并将文本的字体格式设置为微软雅黑、五号，字体颜色为【白色，背景1，深色50%】。

STEP 02 可以看到插入的文本间距很宽，这时需要对间距进行设置。选中插入的文本，单击【段落】组右侧的1对话框启动器按钮，弹出【段落】对话框，系统自动切换到【缩进和间距】选项卡，在【间距】组合框中的2【行距】下拉列表中选择【最小值】选项，3在【设置值】微调框中输入"0磅"，4单击【确定】按钮，即可看到设置后的效果。

2.1.3 规范的表格让简历更出彩

表格一般用于简单的数据计算，而在 Word 中插入的表格不仅仅用于数据计算，还可以输入一些罗列整齐的内容，例如使用表格输入求职者的联系方式、教育背景、兴趣爱好等。这些内容通过规范的表格形式输入，可以让你的简历更加出彩。

配 套 资 源
第2章\个人简历1—原始文件
第2章\个人简历1—最终效果

扫码看视频

1. 创建表格

● 创建表格

求职者的个人信息、教育背景、个人技能、兴趣爱好等信息比较整齐，对于这类信息，我们可以通过插入表格的形式输入。插入表格的具体操作步骤如下。

STEP 01 ①切换到【插入】选项卡，在【表格】组中②单击【表格】按钮，在弹出的下拉列表中③选择【插入表格】选项。

STEP 02 弹出【插入表格】对话框，①在【列数】微调框中输入"2"，②在【行数】微调框中输入"7"，③选中【根据内容调整表格】单选钮。设置完毕，④单击【确定】按钮即可在文档中插入表格。

STEP 03 单击表格左上角的图标⊞，选中整个表格，按住鼠标左键不放，拖曳鼠标，将表格移动到合适的位置。

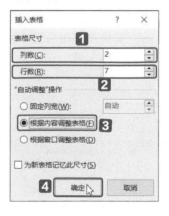

● 设置表格的字体格式

插入表格之后，还需要在表格中输入文本。在此之前，需要先设置表格的字体格式。设置表格字体格式的具体操作步骤如下。

STEP 01 表格的第一行要输入的"个人信息"属于标题部分，这里需要将其字体设置得大一些。选中表格的第一行，**1**切换到【开始】选项卡，**2**将表格第一行的字体设置为微软雅黑、字号为四号，**3**【字体颜色】设置为【白色，背景1，深色50%】，然后输入内容，效果如图所示。

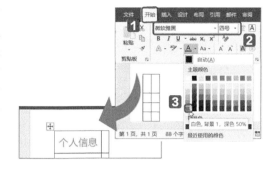

STEP 02 选中表格的第2~7行，将字体设置为微软雅黑、字号设置为小五，【字体颜色】设置为【白色，背景1，深色50%】，然后输入内容，效果如图所示。

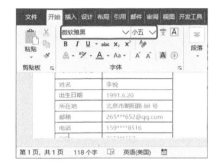

2. 表格的合并与拆分

在表格中输入内容后，可以看到表格第一行中有空白单元格，为了避免出现空白单元格，可以通过合并表格来调整表格布局。合并表格的具体操作步骤如下。

STEP 选中需要合并的单元格，**1**切换到【布局】选项卡，**2**在【合并】组中**3**单击【合并单元格】按钮，返回Word文档，可以看到设置后的效果。

本案例中我们只使用了表格的合并功能，下面介绍表格的拆分功能，具体操作如下（本案例不需要拆分表格）。

STEP 选中需要拆分的单元格，**1**切换到【布局】选项卡，**2**在【合并】组中**3**单击【拆分单元格】按钮，弹出【拆分单元格】对话框，用户可以结合案例和自己的需求，调整拆分后表格的行数和列数，即**4**在【列数】和【行数】微调框中分别输入对应的数值。**5**单击【确定】按钮，返回Word文档，可以看到拆分后的效果。

提 示

> 用户也可以通过单击鼠标右键，在弹出的快捷菜单中选择【合并单元格】或【拆分单元格】选项来实现表格的合并与拆分。

3. 设置表格中内容的对齐方式

在表格中输入文字内容后，需要对表格中的内容进行对齐设置。对齐方式包括左对齐、居中对齐和右对齐等，每一种对齐方式包含3种对齐，例如左对齐分为靠上左对齐、居中左对齐和靠下左对齐。这里我们只讲解案例中使用的居中左对齐方式（其他对齐方式的操作步骤相似，这里不一一讲解）。具体操作步骤如下。

STEP 选中需要设置的表格，**1**切换到【布局】选项卡，**2**在【对齐方式】组中**3**单击【中部左对齐】按钮，即可将表格中的内容设置为居中左对齐。

4. 设置表格的边框

在 Word 中插入的表格，默认底纹颜色为白色，边框颜色为黑色。为了使表格与简历整体更加契合，可以对表格的边框进行适当的调整，并对边框的颜色进行设置，具体的操作步骤如下。

STEP 01 选中表格，❶切换到【设计】选项卡，❷在【边框】组中❸单击【边框】按钮，在弹出的下拉列表中❹选择【边框和底纹】选项。

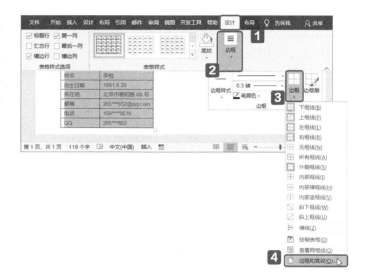

STEP 02 弹出【边框和底纹】对话框，系统自动切换到【边框】选项卡，❶在【预览】组合框中取消选择上框线、左框线和右框线选项，❷然后在【样式】组合框中选择一种合适的样式，❸在【宽度】下拉列表中选择【1.0磅】选项，❹在【颜色】下拉列表中选择【其他颜色】选项。

STEP 03 弹出【颜色】对话框，❶切换到【自定义】选项卡，❷在【颜色模式】下拉列表中选择【RGB】选项，❸然后通过调整【红色】【绿色】【蓝色】微调框中的数值来选择合适的颜色，❹单击【确定】按钮，返回【边框和底纹】对话框，❺分别单击中框线选项和下框线选项，❻单击【确定】按钮，返回Word文档，可以看到设置后的效果。

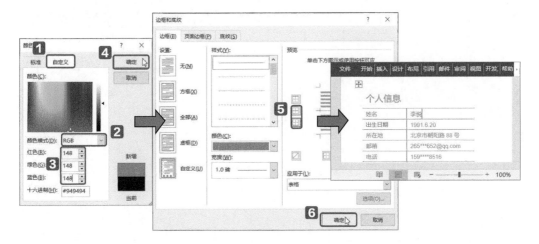

STEP 04 从文档中可以看到有的边框还需要单独设置。选中表格的第一列，按照前面的方法打开【边框和底纹】对话框，**1**在【预览】组合框中取消选择右框线选项，**2**单击【确定】按钮，返回文档，可以看到边框已经设置完成。

5. 设置行高与列宽

在对 Word 文档进行排版优化时，为了让页面更加美观，可以适当地对表格的行高和列宽进行设置，以达到排版最优化。设置表格行高和列宽的具体操作步骤如下。

STEP 01 选中表格，**1**切换到【布局】选项卡，在【单元格大小】组中的【高度】微调框中输入数值即可设置表格的行高，**2**例如输入"0.9厘米"。

STEP 02 设置行高后，接下来设置表格的列宽。根据表格内容的不同，需要对两列表格分别设置列宽，选中表格的第一列（不包含表格的第一行内容），在【单元格大小】组中的【宽度】微调框中输入数值即可设置第一列的列宽，例如输入"2.1厘米"，使用同样的方法将表格第二列的列宽设置为"3.52厘米"。返回文档，可以看到设置后的效果。

STEP 03 按照相同的方法，以表格的形式输入教育背景、个人技能、兴趣爱好等信息，并对表格进行相关设置，效果如下图所示。

| 提 示 |

用户还可以使用【属性】来为表格设置固定行高和列宽：选中表格，切换到【布局】选项卡，在【表】组中单击【属性】按钮，即可弹出【表格属性】对话框，然后在对话框中进行设置即可。

6. 添加符号与图标

◉ 添加符号

在输入求职者的技能时，为了让招聘者更为直观地看到自己掌握的技能，可以通过添加符号的方式来展现这些技能，符号的多少代表个人掌握的技能情况。添加符号的具体操作步骤如下。

STEP 01 将光标定位在需要添加符号的位置，**1**切换到【插入】选项卡，**2**在【符号】组中**3**单击【符号】按钮，在弹出的下拉列表中**4**选择【其他符号】选项。

STEP 02 弹出【符号】对话框，系统自动切换到【符号】选项卡，**1**在【子集】下拉列表中选择【其他符号】选项，在其下方的组合框中**2**选择实心星选项★，**3**单击【插入】按钮，然后**4**单击【关闭】按钮，关闭【符号】对话框。

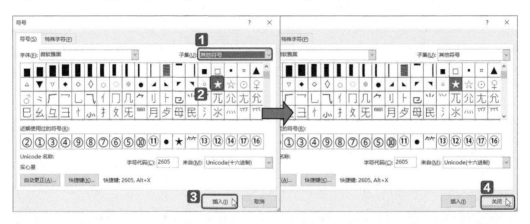

STEP 03 按照相同的方法再插入4个实心星符号。为了突出显示自己对技能的掌握程度，可以更改符号的颜色。选中符号，**1**切换到【开始】选项卡，在【字体】组中**2**单击【字体颜色】按钮，在弹出的下拉列表中**3**选择【绿色，个性色6】选项，即可改变符号的颜色。按照相同的方法设置其他符号的颜色，效果如下图所示。

● 在表格中插入图标

　　输入兴趣爱好时，单纯的文字略显单调，这时可以借助图标来加以丰富，在表格中插入图标的具体操作步骤如下。

STEP 01 将光标定位在"兴趣爱好"下方，**1**切换到【插入】选项卡，**2**在【插图】组中**3**单击【图标】按钮。

STEP 02 弹出【插入图标】对话框，在**1**对话框的左侧选择【技术和电子】选项，在右侧的组合框中**2**选择【照相机】选项，**3**单击【插入】按钮，返回文档，可以看到插入图标的效果。

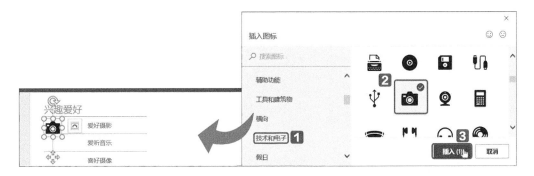

○ 对图标进行美化

插入图标后，为了美观，需要对图标进行美化，美化图标的具体操作步骤如下。

STEP 01 选中插入的图标，**1**切换到【格式】选项卡，在【大小】组中的**2**【宽度】微调框中输入"0.7厘米"。

STEP 02 选中插入的图标，**1**在【图形样式】组中**2**单击【图形填充】按钮，在弹出的下拉列表中**3**选择【浅灰色，背景2，深色50%】选项，设置完成后可以看到设置效果。按照相同的方法美化其他的图标。

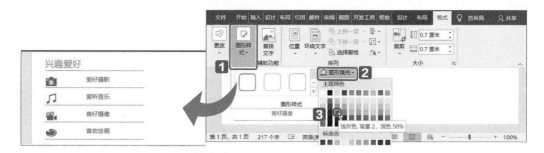

至此，使用表格来输入求职者的个人信息、教育背景、个人技能和兴趣爱好等信息，并已经设置完成，效果如下图所示。

个人信息		教育背景		个人技能	
姓名	李悦	北京师范大学		英语	CET-6
出生日期	1991.6.20	艺术与传媒学院	平面设计	Photoshop ★★★★★	
所在地	北京市朝阳路88号	研究生	2015-2017	CorelDRAW ★★★★★	
邮箱	265***652@qq.com	北京师范大学		3ds Max ★★★★★	
电话	159****8516	艺术与传媒学院	平面设计	Office ★★★★★	
QQ	265***652	本科	2010-2014		

兴趣爱好
- 爱好摄影
- 爱听音乐
- 喜好摄像
- 喜欢绘画

2.1.4 使用形状，版面更有层次

输入了求职者的信息后，接下来需要输入求职者的实践经验，用来告诉企业招聘者自己有哪些工作经验，方便企业对自己做进一步的了解。实践经验部分的内容比较分散，又是招聘者关注的重点，为了突出这部分的内容，可以使用不用颜色的几何形状来展示，让排版更富层次化。

扫码看视频

配 套 资 源
第2章\个人简历2—原始文件
第2章\个人简历2—最终效果

1. 插入并设置形状

● 插入矩形

实践经验部分需要用文字进行表述，纯文字的内容比较单调，这时可以为其添加一些形状。这里我们添加一些矩形，为矩形添加颜色会让文档更加丰富多彩，具体的操作步骤如下。

STEP 01 打开本实例的原始文件，在插入形状前，首先按照前面介绍的插入文本框的方法，输入"实践经验"的文本。标题要比正文部分突出，这里将其字体格式设置为微软雅黑、四号，字体颜色为"白色，背景1，深色50%"。

STEP 02 ❶切换到【插入】选项卡，❷在【插图】组中❸单击【形状】按钮，在弹出的下拉列表中❹选择【矩形】选项。

STEP 03 当鼠标指针变为"十"字形状时，将鼠标指针移动到要插入矩形的位置，按住鼠标左键不放，拖曳鼠标即可绘制一个矩形。绘制完成后，放开鼠标左键即可。

◎ 设置形状

插入形状后，为了吸引人的眼球，丰富界面的内容，可以对形状进行设置，设置形状的具体操作步骤如下。

STEP 01 选中插入的矩形，❶切换到【格式】选项卡，在【形状样式】组中❷单击【形状填充】按钮右侧的下拉按钮，在弹出的下拉列表中的【主题颜色】列表框中选择一种合适的颜色。

STEP 02 如果用户对主题颜色中的颜色都不满意，可以自定义矩形的颜色。❶单击【形状填充】按钮右侧的下拉按钮，在弹出的下拉列表中❷选择【其他填充颜色】选项。

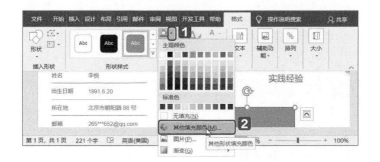

STEP 03 弹出【颜色】对话框，**1**切换到【自定义】选项卡，**2**在【颜色模式】下拉列表中选择【RGB】选项，**3**然后通过调整【红色】【绿色】【蓝色】微调框中的数值来选择合适的颜色，**4**单击【确定】按钮。

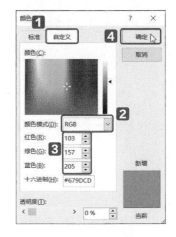

STEP 04 在【形状样式】组中**1**单击【形状轮廓】按钮右侧的下拉按钮，在弹出的下拉列表中**2**选择【无轮廓】选项。

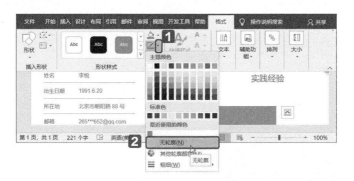

STEP 05 **1**在【大小】组中的**2**【宽度】微调框中输入"5.9厘米"，可以看到【高度】也随之改变，这是因为锁定了形状的纵横比（具体操作步骤见2.1.2小节中的"更改图片大小"部分内容），本案例中需要单独调整【高度】的值，所以需要取消勾选【锁定纵横比】复选框，将【高度】单独设置为"2.8厘米"。设置好大小后，将形状移动到合适的位置即可。

2. 使用形状输入文本内容

设置好形状后，需要输入对应的文本内容。除了前面介绍的插入文本框的方法外，还可以在形状中直接输入文本，然后进行设置。在形状中输入文本并设置文本的具体操作步骤如下。

STEP 01 选中插入的矩形，在矩形上单击鼠标右键，在弹出的快捷菜单中选择【添加文字】选项。

在形状中输入相应的文本内容，可以看到包含标题和正文两部分内容，这里我们需要将标题的字号设置得比正文的大一些。

STEP 02 选中标题部分内容，❶切换到【开始】选项卡，在【字体】组中的❷【字体】下拉列表中选择【微软雅黑】选项，在【字号】下拉列表中选择【五号】选项，❸单击【加粗】按钮；选中正文部分内容，在【字体】组中的❹【字体】下拉列表中选择【微软雅黑】选项，在【字号】下拉列表中选择【10】选项。

STEP 03 选中标题和正文内容，❶在【段落】组中❷单击【两端对齐】按钮，可以调整文本的对齐方式。

STEP 04 设置好对齐方式后，再设置文本的间距。❶在【段落】组中❷单击其右侧的对话框启动器按钮 ⌐，弹出【段落】对话框，系统自动切换到【缩进和间距】选项卡，在【间距】组合框中的❸【行距】下拉列表中选择【最小值】选项，并在其后面的【设置值】微调框中输入"0磅"，然后❹单击【确定】按钮，返回文档，可以看到设置后的文本效果。

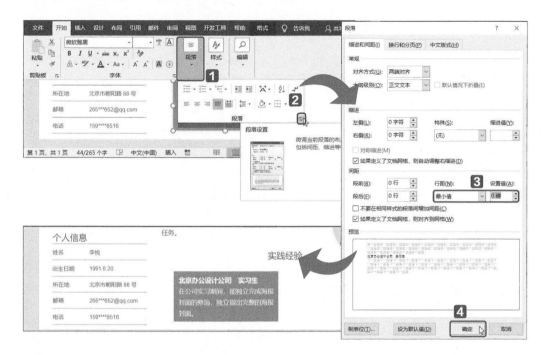

STEP 05 工作内容部分设置完成后，需要输入对应的工作时间，这里我们用文本框来输入，并设置其字体格式。

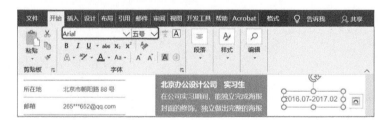

STEP 06 按照相同的方法插入其他的形状、文本和时间段，我们可以为不同的文字段添加不同的颜色，这样不但可以起到装饰作用，还能为枯燥的界面增添亮点。

3. 插入并设置分隔线

插入直线

实践经验的内容输入完成后，为了方便招聘者查看，可以为其插入一条分隔线，用以区分不同的工作经历。在文档中插入直线的具体操作步骤如下。

STEP 01 打开本实例的原始文件，**1**切换到【插入】选项卡，在**2**【插图】组中**3**单击【形状】按钮，在弹出的下拉列表中选择【线条】中的**4**【直线】选项。

STEP 02 当鼠标指针变为"十"字形状时，将鼠标指针移动到要插入直线的位置，按住鼠标左键不放，拖曳鼠标即可绘制一条直线。绘制完成后，放开鼠标左键即可。

设置直线

插入直线后，为了使其与简历部分更加契合，需要对直线的长度、颜色等进行设置，具体操作步骤如下。

STEP 01 插入的直线用来分隔输入的内容，这里将直线设置为合适的长度。选中插入的直线，**1**切换到【格式】选项卡，**2**在【大小】组中的**3**【高度】微调框中输入"21.5厘米"。

STEP 02 设置好直线的长度后，接下来调整直线的轮廓。在【形状样式】组中**1**单击【形状轮廓】按钮右侧的下拉按钮，在弹出的下拉列表中**2**选择【白色，背景1，深色50%】选项。

STEP 03 **1** 单击【形状轮廓】按钮右侧的下拉按钮，在弹出的下拉列表中 **2** 选择【粗细】→ **3** 【1.5磅】选项。

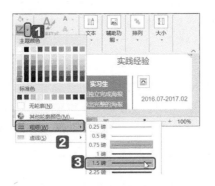

在本节中我们通过 Word 中的文本框、图片、规范的表格以及不同的色块，制作了一份足以打动人的精美简历。

2.2 招聘海报是这样设计的

海报是广告的一种，是为某项活动做的宣传，要重点突出活动的性质。制作海报首先要明确主题，然后根据主题去搭配相关的文字和图片。本案例我们要制作的是一份招聘海报，所以关键的是要在海报页面中写清楚招聘的具体岗位、招聘的主办单位、具体的时间和地点等内容，海报的语言要求简洁明了。

2.2.1 设置插入的图片

海报设计要求文案为主、图片辅助。要制作一份吸引人的招聘海报，如果只有文案部分，就会显得很枯燥。如果在其中插入一张有视觉冲击力的图片作为底图，用来辅助文字部分，就会让海报内容更加丰富。首先插入一张图片，然后对图片进行设置。

配 套 资 源	
第2章\招聘海报—原始文件	
第2章\招聘海报—最终效果	

扫码看视频

1. 设置图片大小

在设置图片之前，要先设置页面（ 这部分内容 2.1 节中已经详细介绍过，这里不赘述 ）。设置好页面后，插入图片作为海报的底图，插入图片及设置图片大小的操作步骤请参见 2.1 节内容。

2. 设置图片的对齐方式

接下来调整图片的位置，将图片相对于页面左对齐和顶端对齐即可。

设置图片环绕方式的方法参见 2.1 节内容（ **P38** 的 **STEP 01** ），本案例中设置环绕方式为【衬于文字下方】选项，设置图片对齐方式的具体操作步骤如下。

STEP 01 **1** 切换到【格式】选项卡，**2** 在【排列】组中 **3** 单击【对齐】按钮，在弹出的下拉列表中 **4** 选择【对齐页面】选项。

STEP 02 **1** 单击【对齐】按钮，在弹出的下拉列表中 **2** 选择【左对齐】选项；再次 **3** 单击【对齐】按钮，在弹出的下拉列表中 **4** 选择【顶端对齐】选项。返回文档，可以看到图片已经相对页面左对齐和顶端对齐了。

2.2.2 输入海报内容

海报中的文字要有独特的表达作用，不同的文字会呈现出不同的视觉形式。对于需要重点突出的内容，我们可以为其添加一些形状，让整体结构更加饱满。

配 套 资 源
第2章\招聘海报1—原始文件
第2章\招聘海报1—最终效果

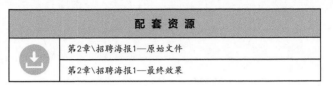

1. 插入并设置文本

○ 插入文本框

虽然 Word 中提供了艺术字效果，但是系统自带的艺术字效果并不一定能满足我们的需要，这时可以插入一个文本框，然后对插入的文本进行设置。插入文本框的具体操作步骤如下。

STEP 01 打开本实例的原始文件，在【文本】组中单击【文本框】按钮，在弹出的下拉列表中选择【绘制竖排文本框】选项。

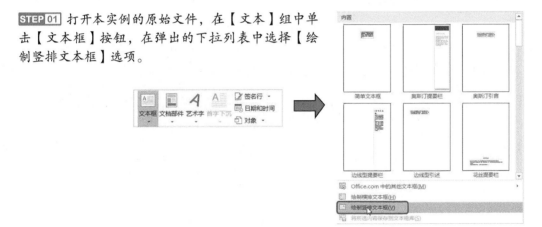

STEP 02 将鼠标指针移动到需要插入文本的位置，此时鼠标指针呈"十"字形状，按住鼠标左键不放，拖曳鼠标指针，即可绘制一个竖排文本框。绘制完成后，释放鼠标左键即可。

○ 设置文本

在以文字为主的版面中，需要我们对文字的字体、字号等格式进行设置，具体操作步骤如下。

STEP 01 在文本框中输入文本"招"，**1**然后将其字体设置为【方正粗倩简体】，字号为【110】；设置完成后可以看到文本框中的字没有全部显示，这时可以对文本框进行设置，**2**切换到【格式】选项卡，在【形状样式】组中**3**单击其右侧的对话框启动器按钮 。

STEP 02 弹出【设置形状格式】任务窗格，**1**切换到【布局属性】选项卡，在【文本框】组合框中的【垂直对齐方式】下拉列表中**2**选择【居中】选项，**3**勾选【根据文字调整形状大小】复选框，即可使文字显示完全。设置完成后关闭【设置形状格式】任务窗格即可。

2. 为文本添加色块

⊙ **设置文本框**

    插入的文本框默认底纹填充颜色为白色，边框颜色为黑色。为了在海报中重点突出文字，我们可以为文字部分添加一个底色，所添加色块的颜色要根据海报的底图颜色来确定，所以这里我们将文本框设置为蓝色填充、无轮廓。设置文本框的具体操作步骤如下。

STEP 01 选中插入的文本框，**1**切换到【格式】选项卡，在【形状样式】组中**2**单击【形状填充】按钮右侧的下拉按钮，在弹出的下拉列表中**3**选择【其他填充颜色】选项，弹出【颜色】对话框，**4**将其颜色设置为【36】【129】【172】。

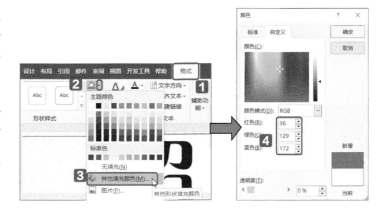

STEP 02 在【形状样式】组中①单击【形状轮廓】按钮右侧的下拉按钮，在弹出的下拉列表中②选择【无轮廓】选项，即可将文本的底色设置为蓝色填充、无轮廓。

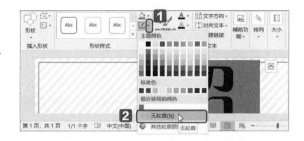

STEP 03 为文字添加底色后，为了让文字更加显眼，可以将文字颜色设置为白色，设置文本框的大小和位置的方法2.1节已经详细讲解了，这里不赘述。按照相同的方法输入其他文字内容，并将文字移动到合适的位置，设置完成后的效果如下图所示。

● 编辑海报中的形状

输入文字后，为了让海报更加美观，可以为海报添加一些形状，并对插入的形状进行设置，具体操作步骤如下。

STEP 01 ①切换到【插入】选项卡，在【插图】组中②单击【形状】按钮，在弹出的下拉列表中选择【基本形状】中的③【等腰三角形】选项。

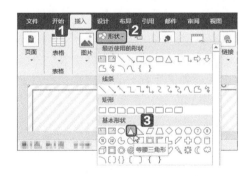

STEP 02 当鼠标指针变为"十"字形状时，将鼠标指针移动到要插入三角形的位置，按住鼠标左键不放，拖曳鼠标，即可绘制一个等腰三角形，绘制完成后，放开鼠标左键即可。

STEP 03 选中插入的三角形，❶切换到【格式】选项卡，❷在【大小】组中的❸【宽度】微调框中输入"8.22厘米"，在【高度】微调框中输入"7.24厘米"（这里的高度需要单独进行设置，所以需要先取消勾选【锁定纵横比】复选框）。

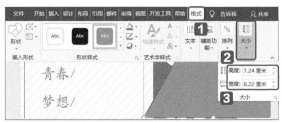

STEP 04 选中插入的三角形，在【形状样式】组中❶单击【形状填充】按钮右侧的下拉按钮，在弹出的下拉列表中❷选择【无填充】选项。

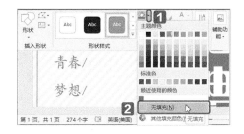

STEP 05 在【形状样式】组中❶单击【形状轮廓】按钮右侧的下拉按钮，在弹出的下拉列表中❷选择【其他轮廓颜色】选项，弹出【颜色】对话框，❸将颜色的RGB数值设置为【16】【146】【158】，❹单击【确定】按钮即可。

STEP 06 在【形状样式】组中❶单击【形状轮廓】按钮右侧的下拉按钮，在弹出的下拉列表中❷选择【粗细】→❸【4.5磅】选项。

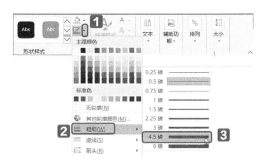

STEP 07 **1**在【排列】组中**2**单击【旋转】按钮，在弹出的下拉列表中**3**选择【垂直翻转】选项。

STEP 08 **1**在【排列】组中**2**单击【上移一层】按钮，在弹出的下拉列表中选择**3**【置于顶层】选项。

STEP 09 设置完成后，将三角形移动到合适的位置即可。然后按照相同的方法插入其他的形状，并设置插入的形状，效果如下图所示。

2.2.3 为海报做装饰的小图标

Word 提供了很多图标模板供用户选择，使用这些图标，不但可以获得很大的便利，还可以点缀装饰文档。在本案例中使用小图标可以让海报更加精美。

前面两节我们重点介绍了通过相关的海报设计来表达海报的目的和意图，接下来需要在海报中输入活动的主办单位和联系方式，这里我们通过插入文本框和图标的方式来完成。

扫码看视频

配 套 资 源
第2章\招聘海报2—原始文件
第2章\招聘海报2—最终效果

⬤ 插入联系方式

使用文本框来输入联系方式的具体操作步骤如下。

STEP 01 打开本实例的原始文件，在【文本框】的下拉列表中选择【绘制横排文本框】选项。

STEP 02 将鼠标指针移动到需要插入文本的位置，此时鼠标指针呈"十"字形状，按住鼠标左键不放，拖曳鼠标指针，即可绘制一个横排文本框，绘制完毕，释放鼠标左键即可。

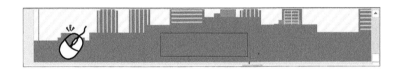

STEP 03 按照前面介绍的方法，将文本框设置为无填充、无轮廓，在文本框中输入联系方式，并设置联系方式的字体格式；再插入一个文本框，进行设置后在文本框中输入主办单位名称，并设置其字体格式，效果如下图所示。

⬤ 插入装饰的小图标

输入联系方式后，我们可以在其前面添加一个小图标，为传递关键内容服务，在海报中插入图标的具体操作步骤如下。

STEP 01 将光标定位在联系方式前面，①切换到【插入】选项卡，②在【插图】组中③单击【图标】按钮。

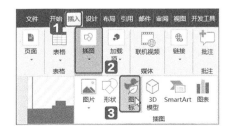

STEP 02 弹出【插入图标】对话框，在对话框的左侧 **1** 选择【通信】选项，在右侧的【通信】组合框中 **2** 选择【电话】选项，**3** 单击【插入】按钮，返回文档，可以看到插入的图标。按照前面介绍的方法设置图标的大小、颜色和位置后，再插入其他的装饰小图标。

2.2.4 图文混排的多种方式

很多人在 Word 中使用图片时，都是把图片插入后稍微调整一下就完成了，这样的排版效果和匹配度一般不是很好。这里介绍 Word 中常用的图文混排的几种方式。图文的搭配无外乎两种类型：单张图片的图文混排、多张图片的图文混排。

1. 单张图片的图文混排

单张图片的排版相对来说比较简单，只需对文字进行提炼，然后在此基础上对图片进行简单处理。

配 套 资 源
第2章\界面设计页—原始文件，淘宝秋款上新—原始文件
第2章\界面设计页—最终效果，淘宝秋款上新—最终效果

○ **添加蒙版**

为图片添加一个形状，然后对形状进行透明化或渐变设计，效果如下页图所示。

要实现上图所示的效果，具体步骤如下：在文档中插入图片，对图片进行设置；在图片上插入一个矩形，按照前面介绍的方法设置矩形的填充颜色和轮廓，然后在弹出的【设置形状格式】任务窗格中将矩形的透明度设置为合适的数值，设置完成后输入相关文字（详细的操作步骤请扫码观看视频学习）。

○ 添加色块

将图片作
为背景放置在
底层，然后
在其上面添加
一个色块（添
加色块的具体
步骤这里不再
赘述），再将
文字置于色块
之上。

2. 多张图片的图文混排

相对于单张图片而言，多张图片的图文排版因为图片的增多而变得复杂。添加多张
图片后，我们可以对其进行不同的排版布局。

○ 规则的图片组合

扫码看视频

配 套 资 源
第2章\淘宝专题页—原始文件
第2章\淘宝专题页—最终效果

规则的图片组
合，就是将图片上
下左右对齐，整齐
有序地排列在页面
中，如右图所示，
可扫码观看视频了
解具体实现过程。

⬤ 不规则的图片组合

不规则的图片组合，一种是直接将图片裁剪为不规则的形状，然后进行规则排列；另一种是使用规则图片排列出一些不规则的形状。这里仅展示第一种图片组合方式，如右图所示。具体实现过程请扫码观看视频学习。

扫码看视频

配 套 资 源
第2章\西点海报—原始文件
第2章\西点海报—最终效果

2.2.5 用 SmartArt 呈现逻辑关系

SmartArt 是 Word 自带的一款插件，是一款让图片排版变得简单的神器。这款神器只需要几秒钟就能对图片进行快速排版。

配 套 资 源
第2章\图片快速排版—原始文件
第2章\图片快速排版—最终效果

扫码看视频

STEP 打开本实例的原始文件，选中Word中的所有图片，**1**切换到【格式】选项卡，在【图片样式】组中**2**单击【图片版式】按钮，在弹出的版式库中提供了表示各种逻辑关系的版式，读者可以根据实际需要选择。

选择版式后，即可对选中的图片快速应用所选版式，如六边形组成的群集、气泡样式等。

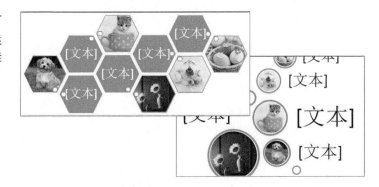

高手秘技

使用表格实现多图并列

在日常工作中我们有时会遇到排列多个相似图片的情况，将图片一个个单独排列，不但费时费力，而且容易造成版面混乱，这时可以使用表格来对图片进行排列，具体的操作步骤如下。

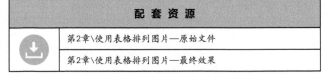

配 套 资 源
第2章\使用表格排列图片—原始文件
第2章\使用表格排列图片—最终效果

STEP 01 打开本实例的原始文件，按照前面介绍的插入表格的方法，在文档中插入一个3行2列的表格（本案例中使用了6张图片）。

STEP 02 插入表格后，为了避免在表格中插入大图片时把表格"撑破"，需要对表格进行设置。选中插入的表格，1切换到【布局】选项卡，2在【对齐方式】组中3单击【单元格边距】按钮。

STEP 03 弹出【表格选项】对话框，**1**取消勾选【自动重调尺寸以适应内容】复选框，然后**2**单击【确定】按钮。

STEP 04 将光标定位在第一个表格中，切换到【插入】选项卡，在【插图】组中单击【图片】按钮，在弹出的下拉列表中选择【插入图片来自】→【此设备】选项。

STEP 05 弹出【插入图片】对话框，选择图片，单击【插入】按钮，返回Word文档，可以看到图片已经插入Word文档中。按照相同的方法插入其他的图片。

STEP 06 为了让图片更加美观，我们可以将表格的边框去除。选中表格，**1**切换到【设计】选项卡，在【边框】组中**2**单击【边框】按钮，在弹出的下拉列表中**3**选择【无框线】选项。返回文档，可以看到设置后的效果。

快速提取文档中的图片

工作中有时需要从 Word 中提取所有图片，如果从 Word 文档中一个个地将图片复制粘贴出来，就会费时费力，为了提高工作效率，可以使用工具快速提取 Word 文档中的图片。

● 提取单张图片

打开需要提取图片的 Word 文档，在图片上单击鼠标右键，在弹出的快捷菜单中 **1** 选择【另存为图片】选项，弹出【保存文件】对话框，在【文件名】后的文本框中 **2** 输入图片文件的名称"提取图片—最终效果"，**3** 单击【保存】按钮，即可提取图片。然后再按照相同的方法提取文档中的其余图片。

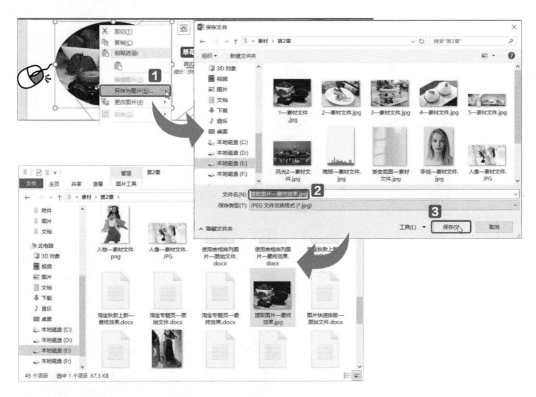

● 修改文件的格式

在电脑中，如果修改了文件的扩展名，文件格式也就被修改了。

例如，将文件"快速提取图片—原始文件 .docx" **1** 更改为"快速提取图片—原始文件 .zip"，系统会提示如果改变文件扩展名，可能会导致文件不可用。**2** 单击【是】按钮，将 Word 文件改为压缩文件，可以看到文件的扩展名由 docx 变为了 zip。双击压缩文件，然后双击打开"Word"文件夹中的"media"文件夹，可以看到所有图片已经保存在"media"文件夹中。

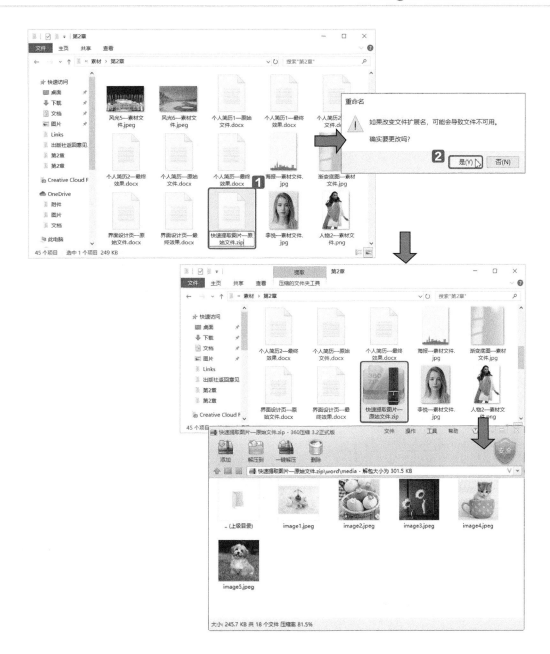

第**3**章

高效率的文档处理神技

通过学习本章内容，读者可以快速地制作上千份文档以及熟练地对文档进行合并和拆分，还可以学到打印文档的技巧。

关于本章知识，本书配套教学资源中有相关的素材文件及教学视频，读者也可以扫描书中的二维码进行学习。

3.1 1000 份邀请函瞬间完成

　　公司要举办一次年终聚会，为了加强公司与客户之间的联系，故邀请公司的所有客户与公司同事一同参加聚会，因为公司的客户人数有上千人，所以需要准备上千份邀请函。如果一份份手动填写姓名，将会非常耗时，这时我们可以使用 Word 提供的邮件合并功能来快速实现。

配 套 资 源
第3章\参会人员名单—素材文件
第3章\邀请函—原始文件
第3章\信函1—最终效果

扫码看视频

STEP 01 打开本实例的原始文件，**1** 切换到【邮件】选项卡，在【开始邮件合并】组中 **2** 单击【选择收件人】按钮，在弹出的下拉列表中 **3** 选择【使用现有列表】选项。

STEP 02 弹出【选取数据源】对话框，**1** 选择数据源文件（即素材文件）所在的位置，**2** 在对话框右侧选中数据源"参会人员名单—素材文件.xlsx"，然后 **3** 单击【打开】按钮，弹出【选择表格】对话框，**4** 单击【确定】按钮。

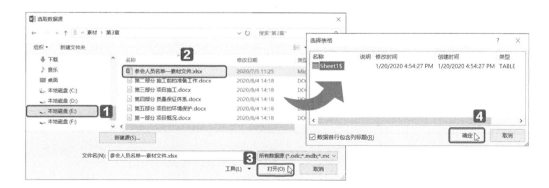

STEP 03 导入数据源后，要在邀请函中输入邀请人的姓名。在【编写和插入域】组中 **1** 单击【插入合并域】按钮，在弹出的下拉列表中 **2** 选择【姓名】选项，返回Word文档，可以看到"姓名"已经插入文档中了。

STEP 04 插入姓名后要在姓名后面添加"先生"或"女士"，将光标定位在"姓名"后面，仍然切换到【邮件】选项卡，在【编写和插入域】组中 **1** 单击【规则】按钮，在弹出的下拉列表中 **2** 选择【如果…那么…否则…】选项。

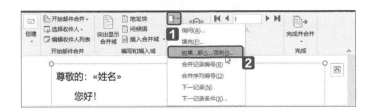

STEP 05 弹出【插入Word域：如果】对话框，在【如果】组合框中的 **1**【域名】下拉列表中选择【性别】，在【比较条件】下拉列表中选择【等于】，在【比较对象】下方的文本框中输入"女"，**2** 在【则插入此文字】文本框中输入"女士"，**3** 在【否则插入此文字】文本框中输入"先生"，然后 **4** 单击【确定】按钮，返回文档，可以看到插入了"先生"。选中插入的"先生"，使用格式刷功能（格式刷功能的具体使用步骤请观看视频学习），将插入的文字设置为与其他文字统一的字体格式。

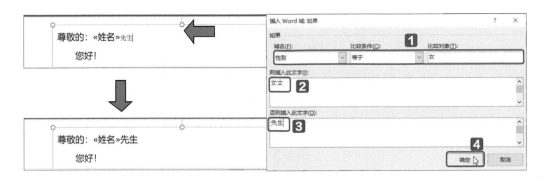

STEP 06 **1**切换到【邮件】选项卡。在【完成】组中**2**单击【完成并合并】按钮，在弹出的下拉列表中**3**选择【编辑单个文档】选项，弹出【合并到新文档】对话框，**4**选中【全部】单选钮，然后**5**单击【确定】按钮，返回Word文档，可以看到所有客户的邀请函已经全部生成了。

3.2 快速拆分与合并文档

用户在拆分与合并文档时，通常是使用剪切、复制、粘贴的方式来完成的，但是当要操作的文档比较多又比较长时，剪切、复制、粘贴不仅费时费力，还有可能出错。下面介绍一种更好的快速拆分与合并文档的方法。

配 套 资 源
第3章\项目计划书—原始文件
第3章\项目计划书—最终效果

扫码看视频

1. 文档的拆分

如下图所示，项目计划书包含 5 个部分，如果只想让人阅览其中某一部分的内容而非全部，则可以将计划书拆分为几个不同的文档，具体的操作步骤如下。

在拆分文档之前，要对文档进行大纲级别的设置，首先把所有的一级标题应用"标题1"样式，然后再将一级标题的大纲级别设置为1级（设置大纲级别的操作步骤请参照1.2节的内容）。本案例文档已经将一级标题的大纲级别设置完毕，可以对文档进行拆分了。

STEP 01 打开本实例的原始文件，**1**切换到【视图】选项卡，在【视图】组中**2**单击【大纲】按钮。

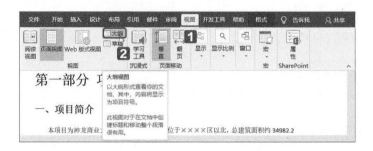

STEP 02 系统自动切换到【大纲显示】选项卡，在【主控文档】组中**1**单击【显示文档】按钮，展开主控文档区域，然后在【大纲工具】组中**2**将【显示级别】设置为【1级】，可以看到文档中会显示所有的1级标题。选中所有的标题，**3**单击【创建】按钮，此时系统会将需要拆分的5个子文档用虚线框起来，在【主控文档】组中**4**单击【拆分】按钮，然后按【Ctrl】+【S】组合键，系统就会自动将文档中的1级标题作为子文档保存到主文档所在的文件夹中。

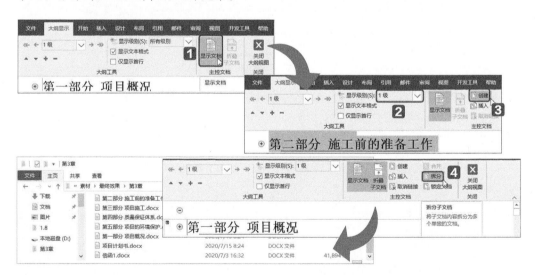

提 示

文档拆分完成后,保存了主文档,子文档就不能再进行重命名或者移动等操作了,否则主文档会因找不到子文档而无法显示。

2. 文档的合并

文档拆分后，如果需要对文档进行修改或批注，那么一个个地在子文档中进行操作会很烦琐，这时我们可以将拆分的文档合并，然后在主文档中进行相关的操作，具体的操作步骤如下。

STEP 01 打开本实例的原始文件，我们会发现，拆分的子文档在主文档中是以超链接的形式存在的，按照前面介绍的方法进入大纲视图界面，**1**切换到【大纲显示】选项卡，在【主控文档】组中**2**单击【展开子文档】按钮。

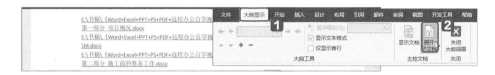

STEP 02 返回Word，可以看到展开的内容，**1**切换到【视图】选项卡，在【视图】组中**2**单击【页面视图】按钮，可以将文档转换为【页面视图】模式。

|提 示|

文档汇总合并后，可以直接在主文档中进行修改或添加批注，而且修改或批注的内容会同步保存到相应的子文档中。

对于拆分过的文档可以进行合并操作，那么如果文档是多个单独的文档，要怎样进行合并操作呢？具体的操作步骤如下。

STEP 01 新建一个Word文档，**1**切换到【插入】选项卡，在【文本】组中**2**单击【对象】按钮，在弹出的下拉列表中**3**选择【文件中的文字】选项。

STEP 02 弹出【插入文件】对话框，**1**在对话框左侧找到文件的存放位置，**2**在对话框右侧选中要合并的文件，然后**3**单击【插入】按钮即可快速汇总合并多个单独的文档。

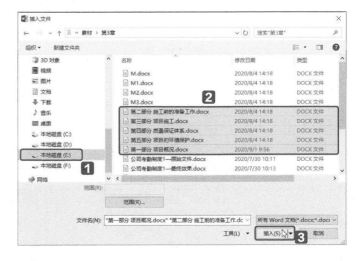

3.3 避免重复打印的真相

文档编辑完成后，部分文档需要打印出来进行阅览。打印作为文档排版的最后一步，也是非常重要的，为了避免重复打印，可以对文档进行设置。

3.3.1 打印前的页面设置

公司考勤制度是需要打印出来给全体员工传阅的，为了打印时方便快捷，在文档编辑之前需要对页面进行设置。

扫码看视频

配 套 资 源
第3章\公司考勤制度—原始文件
第3章\公司考勤制度—最终效果

STEP 01 打开本实例的原始文件，**1**切换到【布局】选项卡，单击【页面设置】组右侧的**2**对话框启动器按钮 。

STEP 02 弹出【页面设置】对话框，系统自动切换到【页边距】选项卡。**1**在【页边距】组合框中的【上】【下】【左】【右】微调框中调整页边距大小，在【纸张方向】组合框中**2**单击【纵向】选项。**3**切换到【纸张】选项卡，在【纸张大小】下拉列表中**4**选择【A4】选项。

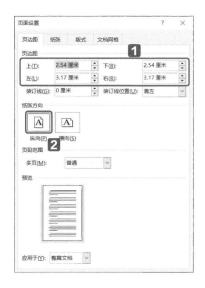
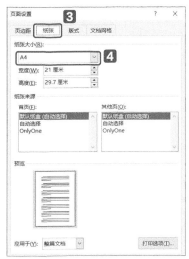

STEP 03 单击【确定】按钮，返回文档，即可进行打印。**1**单击【自定义快速访问工具栏】按钮，从弹出的下拉列表中**2**选择【打印预览和打印】选项，此时【打印预览和打印】按钮就添加到了【快速访问工具栏】中，**3**单击【打印预览和打印】按钮，弹出【打印】界面，其右侧显示了预览效果。

STEP 04 用户可以根据打印需要单击相应选项进行设置。如果用户对预览效果比较满意，就可以单击【打印】按钮进行打印了。

3.3.2 将所有内容缩至一页打印

公司考勤制度编辑完成后，要进行打印前的预览，结果发现经过调整后的最后一页只有几行字，为节约纸张，可进行如下操作。

配 套 资 源
第3章\公司考勤制度1—原始文件
第3章\公司考勤制度1—最终效果

STEP 01 打开本实例的原始文件，在【菜单栏】中❶单击搜索文本框，❷在文本框中输入"打印"，在弹出的下拉列表中❸选择【预览和打印】选项，在弹出的级联菜单中❹选择【打印预览编辑模式】选项。

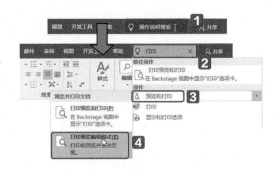

STEP 02 系统自动切换到【打印预览】选项卡，在【预览】组中❶单击【缩减一页】按钮，然后❷单击【关闭打印预览】按钮即可将文档缩减为1页内容。

3.3.3 只打印文档中的几个页面

项目计划书打印之后，发现需要更改个别页面中的内容并重新打印，为了避免浪费纸张，只打印更改的那几页即可，具体的操作步骤如下。

配 套 资 源
第3章\项目计划书1—原始文件
第3章\无

STEP 01 打开本实例的原始文件，**1**单击【文件】按钮，在弹出的界面中**2**单击【打印】选项，在弹出的界面中的**3**【页数】文本框中输入"2-4"，**4**单击【打印】按钮，即可打印第2页到第4页的文档。

STEP 02 如果要打印的是不连续的页面，在【页数】文本框中输入"2,4,6"，页面之间用逗号间隔开，即可打印不连续的页面。

3.3.4 将多页文档打印到一页纸上

在日常工作中，为了节约纸张，对于一些不是很重要的文档，可以将 2 页、4 页或者更多的页面放在一页纸上进行打印，具体的操作步骤如下。

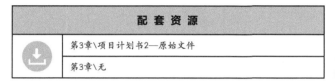

配 套 资 源
第3章\项目计划书2—原始文件
第3章\无

扫码看视频

STEP 打开本实例的原始文件，单击【文件】按钮，在弹出的界面中单击【打印】选项，在弹出的打印界面中的【设置】列表框中**1**单击【每版打印1页】选项，在弹出的下拉列表中**2**选择【每版打印2页】，单击【打印】按钮。

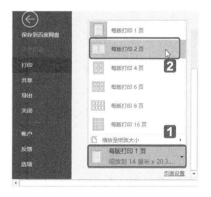

┃提 示┃

将多页文档打印到一页纸上时，建议最多选择【每版打印 4 页】，如果一页纸上打印的页数太多，会影响阅读。

第2篇

高效工作，从此不再加班

第4章

Excel 数据录入

数据录入不就是敲键盘吗？也许有人认为数据录入并不是学习Excel的难点，然而最容易被忽略的方面却可能最影响工作效率。所以，我们先从高效录入数据开始学习吧。

关于本章知识，本书配套教学资源中有相关的素材文件及教学视频，读者也可以扫描书中的二维码进行学习。

4.1 掌握这些技巧，做表又快又好

在数据录入过程中我们可能会遇到很多问题，解决的方法往往不止一种。下面我们就从几个最熟悉的场景开始学习，你会发现，我们工作中很多重复性的工作，都可以通过 Excel 来解决。

4.1.1 人名对不齐，单击按钮轻松解决

在单元格中输入姓名时，由于有的姓名是两个字，有的姓名是 3 个字，有的姓名甚至是 4 个字，为了看起来整齐划一，有的人会使用空格来使姓名左右对齐，如下方左图所示。

使用添加空格这种方式来对齐是不好的，甚至可以说是错误的，因为一方面，使用空格对齐可能存在对不齐的情况；另一方面，在单元格中空格占有一个字符的位置，有空格的姓名和没有空格的姓名是不一样的，例如在使用查找功能查找姓名时会找不到名字中有空格的人，如下方右图所示。

如果不使用空格，还有什么方法能让姓名左右对齐呢？其实只要单击一下按钮就能解决，具体操作如下。

配 套 资 源
第4章 \ 人员名单表—原始文件
第4章 \ 人员名单表—最终效果

STEP 01 打开本实例的原始文件，① 选中姓名所在的数据区域，② 切换到【开始】选项卡，③ 单击【对齐方式】组中的对话框启动器按钮，弹出【设置单元格格式】对话框，④ 在【水平对齐】下拉列表中选择【分散对齐（缩进）】选项，⑤ 单击【确定】按钮。

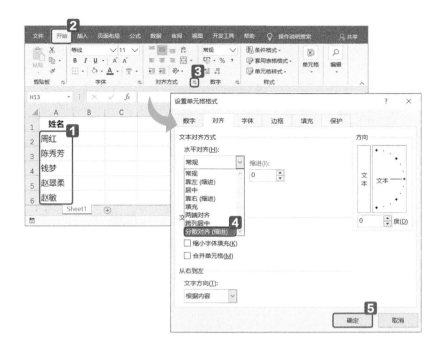

STEP 02 返回工作表可以看到，所有姓名已经全部显示为分散对齐了，如下图所示。

4.1.2 公司名太长，让 Excel 自动输入

在 Excel 中有时需要多次输入某一段很长的文字，例如公司名称，每次都打一遍字很麻烦，有没有方便快捷的输入方法呢？下面一起来看一看吧。

配 套 资 源	
	第4章 \ 公司名称表—原始文件
	第4章 \ 公司名称表—最终效果

扫码看视频

STEP 01 打开本实例的原始文件，**1** 单击工作表左上角的【文件】按钮，**2** 在其下拉列表中选择【选项】选项，弹出【Excel选项】对话框，**3** 单击【校对】选项，**4** 在其右侧单击【自动更正选项】按钮，弹出【自动更正】对话框，**5** 在下方【替换】文本框中

输入"神龙"，在【为】文本框中输入"神龙****有限公司"，单击【添加】按钮，添加完成后，单击【确定】按钮。

STEP 02 返回【Excel选项】对话框，将其关闭，返回工作表，在单元格中输入"神龙"并按【Enter】键后，Excel 将自动输入完整的公司名称"神龙****有限公司"。

采用该种方法，既能提高输入速度，又能防止手误输错的情况，可谓一举两得。

4.1.3 0 开头的编号总输入错误，变一下格式就好了

在 Excel 中输入数据时，经常会输入以 0 开头的编号，例如员工编号"0001"，但是在单元格中输入"0001"后，Excel 会自动将"0"去掉，使其变为"1"。

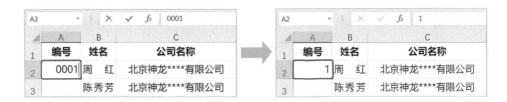

怎么解决这种问题呢？其实变一下格式就好了，具体操作如下。

配 套 资 源	
第4章 \ 以0开头的编号表—原始文件	
第4章 \ 以0开头的编号表—最终效果	

扫码看视频

STEP 01 打开本实例的原始文件，**1**将A2单元格中的数据删除并选中A列中需要输入编号的区域，**2**切换到【开始】选项卡，**3**单击【数字】组右侧的对话框启动器按钮，弹出【设置单元格格式】对话框，**4**在【数字】选项卡下的【分类】列表框中选择【文本】选项，**5**单击【确定】按钮。

STEP 02 返回工作表，在单元格A2中输入"0001"后即可正常显示了。

4.1.4 导入文本文件数据

除了在 Excel 中手动输入数据外，还可以直接将其他文件中的数据导入 Excel，以便进行计算分析，例如将文本文件中的数据导入 Excel，文本文件如下图所示。

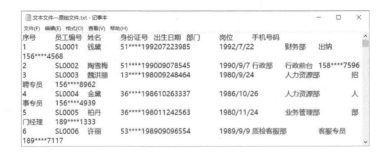

下面就介绍如何将该文本文件中的数据导入 Excel 表格中。

配 套 资 源
第4章 \ 文本文件——原始文件
第4章 \ 导入文本文件——最终效果

STEP 01 新建一个工作簿，重命名为"导入文本文件——原始文件"。❶切换到【数据】选项卡，❷单击【获取和转换数据】组中的【从文本/CSV】按钮，弹出【导入数据】对话框，选择需要导入的文本文件，❸本案例中以"文本文件——原始文件.txt"为例，选中该文件，❹单击【导入】按钮。

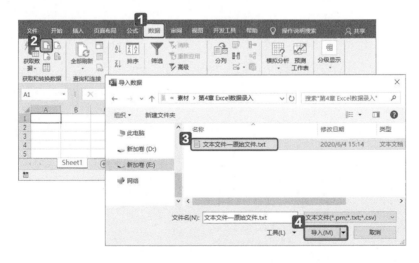

STEP 02 弹出预览窗口，可以看到数据没有问题，❶单击【加载】按钮右侧的下拉按

钮，2选择【加载到】选项，弹出【导入数据】对话框，3默认选中的显示方式是【表】，这里保持不变，4在【数据的放置位置】组中选中【现有工作表】单选钮，5单击【确定】按钮。稍加等待，文本文件中的数据就被导入Excel中了，如下图所示。

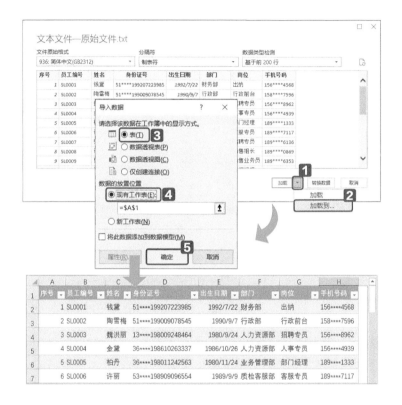

由于导入数据时设置的显示方式是"表"，因此导入完成后数据区域被转换成了表的形式，并自动套用表样式，效果如上图所示。"表"的特点：它可以自动添加多种数据统计功能；在相邻行或列添加内容时，添加的内容会自动应用当前"表"的格式。

如果想要将表转换为普通数据区域，只要单击【设计】选项卡下【工具】组中的【转换为区域】按钮即可。

4.1.5 从网页中导入数据

日常工作中，常常需要从某些网站上获取数据。如何将网站上的表格导入 Excel 中呢？具体操作步骤如下。

STEP 01 打开一个空的Excel工作簿，1切换到【数据】选项卡，2单击【获取和转换数据】组中的【自网站】按钮，弹出【从Web】对话框，3在地址栏中输入网址，4单击【确定】按钮。

STEP 02 弹出【导航器】对话框，❶在页面左侧单击【Table 0】，在右侧的【表视图】中即可看到表格效果，❷单击【加载】按钮右侧的下拉按钮，❸在下拉列表中选择【加载到】选项，弹出【导入数据】对话框，❹默认选择的显示方式是【表】，保持不变，❺在【数据的放置位置】组中选中【现有工作表】单选钮，❻单击【确定】按钮。

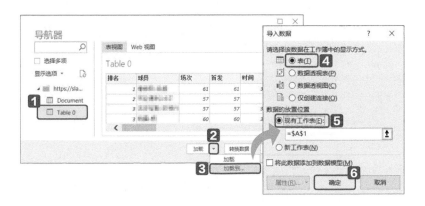

STEP 03 返回工作表，稍加等待，网站中的表格数据就被导入 Excel 中了，效果如下图所示。

排名	球员	场次	首发	时间	得分	投篮	投篮	三分	三分	罚球
1		61	61	36.7	34.4	9.9-22.7	0.435	4.4-12.6	0.352	10.2-11.8
2		57	57	36	30.5	10.4-22.9	0.455	3-8.4	0.353	6.8-8
3		57	57	30.9	29.6	10.9-20	0.547	1.5-4.8	0.306	6.3-10
3		60	60	35.3	29.6	9.1-20.8	0.437	3.4-9.5	0.361	8-9.3
5		58	58	36.9	28.9	9.2-20	0.457	3.9-9.9	0.394	6.7-7.6
6		54	54	33.3	28.7	9.5-20.6	0.461	2.9-9.1	0.318	6.8-9.1

当然并不是所有网站的数据都能够直接导入 Excel 中，当网站的数据无法导入也不能复制时，怎么办呢？可以借助 4.1.6 小节介绍的方法来解决。

4.1.6 将图片上的表格快速转换为 Excel 表格

工作中常会遇到这样的情况：同事从微信或 QQ 传给你一份表格，但是这份表格不是 Excel 文件，而是图片文件或 PDF 文件。遇到这样的情况，如何将里面的数据提取出来放到 Excel 表格中呢？

其实，借助外部工具就能轻松完成，例如 QQ 里面的截图功能就很方便快捷，一起来试一下吧。

配 套 资 源	
第4章 \ 图片上的表格转化为 Excel 表格—原始文件	
第4章 \ 图片上的表格转化为 Excel 表格—最终效果	

扫码看视频

STEP 01 打开本实例的原始文件，**1**切换到QQ的聊天界面，单击【屏幕截图】按钮，**2**选中图片中的表格区域，**3**单击【屏幕识图】按钮 ，弹出【屏幕识图】对话框，**4**单击右下角的【转为在线文档】按钮 。

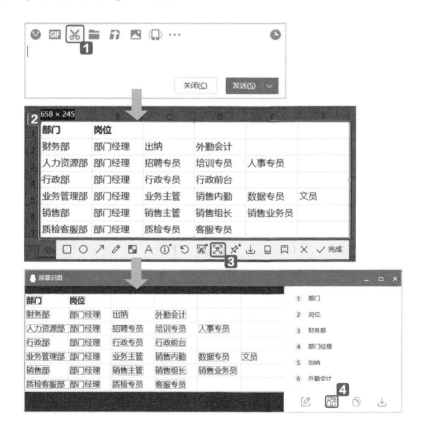

STEP 02 登录腾讯在线文档后，选中表格区域，将其复制到 Excel 中即可，如下图所示。

提示

如何将 PDF 文件中的表格转换为 Excel 表格呢？

PDF 文件有两种类型，一种是原始表格直接转换的，另一种是通过图片转换的。前者可以直接通过复制粘贴的方法，将数据粘贴到 Excel 表格中；后者则需要首先将表格区域转换为图片，然后按照本案例介绍的方法操作即可，这里不再介绍。

所以，为了避免走弯路，如果你接收了一份 PDF 文件，首先试一下能否复制粘贴，如果不可行再使用 QQ 的识图工具吧！无论是哪种方法，都比逐个手动输入数据要快得多，读者可以亲自动手体验一下。

掌握了这个小技巧是不是感觉瞬间解放了双手呢！其实将图片转换为 Excel 表格的方法不止这一种，当你遇到问题时可以在网上搜索一下，或许可以找到更好的解决方法。

将图片上的表格快速转换为 Excel 表格 　百度一下

本节介绍的几个小技巧都可用来解决数据录入过程中遇到的问题。数据录入是所有其他操作的前提，下一节我们就从基础的数据录入知识开始介绍。

4.2 员工信息表的数据录入

4.2.1 学 Excel 必须了解的数字格式

在具体操作之前，我们先来认识一下 Excel 中常用的几种数字格式：数值、文本、日期和时间、货币、会计专用等。

● 数值

在 Excel 中，数值型数据是使用最多的数据类型。它的主要特征是可以进行数学运算，输入数值后，系统会识别其类型并自动将其靠右对齐。Excel 中默认的数值显示位数是 11 位，当超过 11 位后会以科学记数法显示，例如输入身份证号的结果如右图所示。关于如何显示完整的身份证号，在 4.2.4 小节会详细介绍。

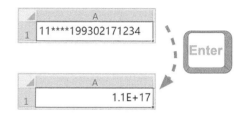

● 文本

文本型数据是字符或者字符和数值的组合，例如姓名和公司名称等。在单元格中输入文本后，系统会识别其类型并将其自动靠左对齐。

日常工作中，除了常规的文本字符外，还有一种特殊的文本型数据，例如 4.1.3 小节介绍的在文本格式下输入的以 0 开头的编号，我们称之为文本型数字，其特征是在单元格左上角有一个绿色的小三角，如右图所示。

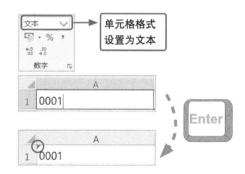

提 示

在上图中，带绿色小三角的文本型数字只能进行四则运算，而无法进行函数运算。在某些情况下，如果想要对文本型数字进行复杂的函数运算，就需要将其转换为纯数字，即数值格式。

如何转换呢？具体操作在本书 5.1 节会做详细介绍，这里不赘述。

● 日期和时间

日期和时间格式的数据在本质上都属于数值的特殊形式，因此可以进行加减运算。日期和时间转换为常规格式后，就会变成数字。例如日期"2020/5/20"的格式转换为常规格式后会变成"43971"，如右图所示。

这是为什么呢？因为系统的起始日期是1900 年 1 月 1 日，以天为单位，24 小时为 1 天，累计数字 1，因此到"2020/5/20"累计43971。

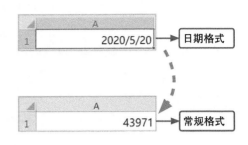

● 货币

在 Excel 中输入数据时，有时会要求输入的数据符合某种要求，例如不仅要求数值的小数保留一定位数，而且要在数值前面添加货币符号，这时就可以将数字格式设置为货币。

货币符号可以根据需求设置，例如右图所示就是添加了人民币符号的效果。

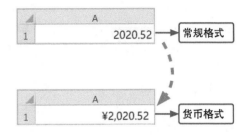

● 会计专用

Excel 内置了会计专用的数字格式，为会计数据的规范化提供了便利，如右图所示。

会计专用格式与货币格式基本相同，只是货币符号的位置不同。货币格式数字的货币符号跟数值连在一起，在单元格中靠右；会计专用格式数字的货币符号在单元格中靠左，而数字靠右。

各种数字格式是如何设置的呢？

在【开始】选项卡下的【数字】组中可以快速修改数字格式，如右图所示。

如果要设置小数位数或日期格式等详细信息，需要打开【设置单元格格式】对话框，在【数字】选项卡下进行设置。

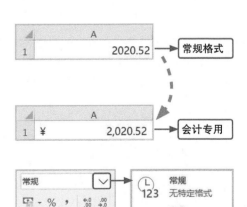

了解了几种常用数字格式及设置方法后，接下来我们来学习如何准确高效地录入数据。首先我们来学习一个非常好用的功能——填充。

4.2.2 快速录入序列的绝招：填充

日常工作中经常需要在表格中输入各种各样的序列，例如 1~1000 的序号、具有相等间隔的序号、包含数字的编号、整月或整年的日期、其他指定条件的序列等。

如果采用手动方式一个个输入，不但费时费力，且容易出错。这时，利用 Excel 的自动填充功能，瞬间就能完成成百上千条数据的填充。下面以简单的填充 1~100 的序号为例，介绍一下具体操作方法。

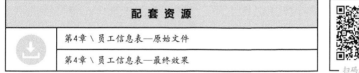

配 套 资 源
第4章 \ 员工信息表—原始文件
第4章 \ 员工信息表—最终效果

扫码看视频

1. 鼠标拖曳法：鼠标拖到哪儿数据填到哪儿

STEP 01 打开本实例的原始文件，首先在A2单元格中输入数字"1"，将鼠标指针移动到A2单元格的右下角，当鼠标指针变成"十"字形状时，按住鼠标左键向下拖曳，拖曳到指定位置释放鼠标即可。可以看到填充的是相同的数字。

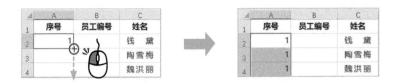

STEP 02 在填充序列的旁边，有一个【自动填充选项】按钮，**1**单击该按钮，**2**在弹出的下拉列表中选中【填充序列】单选钮。

操作完成后就可以自动生成连续的序号了，效果如下图所示。

以上介绍的拖曳法只适用于数据量较少的情况，如果数据有几千条甚至上万条，那么使用拖曳法填充还是比较麻烦的，这时可以采用双击法。

2. 鼠标双击法：自动填充到最后一行

在快速填充时，如果与填充列紧挨着的列有连续的数据，只要将鼠标指针移动到当前单元格的右下角，当鼠标指针变成"十"字形状时双击鼠标左键，就能将当前单元格的数据填充到最后一行。

3. 根据指定条件自动填充

如果对生成的序列有明确的数量和间隔要求，使用拖曳法和双击法就不太方便了，这时可以使用【填充】命令下的【序列】功能来完成，只要先设置好条件，就可以按指定条件来批量生成序号了。下面以填充员工信息表中 1~100 的等差序列为例，介绍一下具体操作方法。

STEP 01 打开本实例的原始文件，首先将A列的所有序号删除，**1** 在A2单元格中输入数字"1"，**2** 切换到【开始】选项卡，**3** 单击【编辑】组中的 **4** 【填充】按钮，**5** 在弹出的下拉列表中选择【序列】选项。

STEP 02 弹出【序列】对话框，本案例要在列中填充1~100的等差序列，**1** 选中【序列产生在】组中的【列】单选钮，**2** 选中【类型】组中的【等差序列】单选钮，**3** 在【步长值】文本框中输入"1"，**4** 在【终止值】文本框中输入"100"，**5** 最后单击【确定】按钮。返回工作表，即可看到A列自动填充了1~100的等差序列。

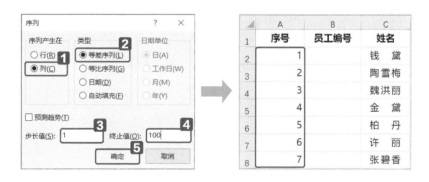

本案例介绍的只是填充 100 个序号，可能效果不是很明显；如果换成填充 10000 个序号，使用【序列】功能填充的威力就会显现出来了。通过设置【序列】对话框中的各种属性，无论生成等差、等比、指定日期、指定间隔（步长值）还是指定个数（终止值）的序列，都可以瞬间准确地完成。

4.2.3 利用自定义格式输入员工编号

虽然 Excel 中提供了多种数字格式，基本能够满足数据格式规范的需求，但是现实工作中总是会有一些特殊的情况，需要对数据进行自定义格式设置。

例如，很多公司为了将员工编号与其他数据编号进行区分，会在编号前加上公司的简写字母，神龙公司就将员工编号的格式设置为"SL0521"。这样字母和数字的组合在输入时比较麻烦。这时可以自定义格式，只要输入后面的数字，就会自动显示前面的字母，并且数字缺失的位置会以"0"补齐。下面介绍具体的操作步骤。

配 套 资 源
第4章 \ 员工信息表01——原始文件
第4章 \ 员工信息表01——最终效果

STEP 01 打开本实例的原始文件，❶选中需要输入员工编号的B列，❷切换到【开始】选项卡，❸单击【数字】组右侧的对话框启动器按钮🔽，弹出【设置单元格格式】对话框，❹在【数字】选项卡下的【分类】列表框中选择【自定义】选项，❺在其右侧的【类型】文本框中输入""SL"0000"（注意SL要用半角形式的双引号引起来），❻输入完成后单击【确定】按钮。

STEP 02 返回工作表，在B列的单元格中输入员工编号的数字部分，即可完整显示员工编号，例如在B2单元格中输入"1"并按【Enter】键后，结果显示为"SL0001"，在B3单元格中输入"126"并按【Enter】键后，结果显示为"SL0126"。

	A	B	C	D	E	F
1	序号	员工编号	姓名	身份证号	出生日期	部门
2	1	SL0001	钱 黛			
3	2	SL0126	陶雪梅			

提 示

需要明确的是，无论设置了哪种格式，都只是更换了数值的显示方式，数值本身是不变的。也就是说，设置格式只是给数值换了件外衣，数值本质上还是输入的内容，如本案例中的"SL0001"的本质是"1"，"SL0126"的本质是"126"。

4.2.4 完整地输入身份证号

很多人在输入身份证号或长数字时，都会遇到这样的问题：在输入完整的数字并按【Enter】键后，数字会变成科学记数法形式显示，如下图所示。

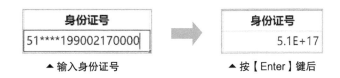

▲ 输入身份证号　　　　　　　　　▲ 按【Enter】键后

如何让身份证号完整地显示呢？具体操作如下。

配 套 资 源
第4章 \ 员工信息表02—原始文件
第4章 \ 员工信息表02—最终效果

扫码看视频

STEP 01 打开本实例的原始文件，❶选中需要输入身份证号的D列，❷切换到【开始】选项卡，❸单击【数字】组文本框右侧的下拉按钮，❹在弹出的下拉列表中选择【文本】选项。

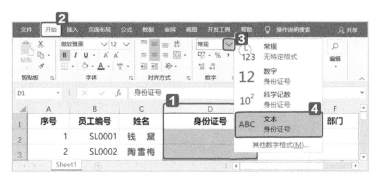

STEP 02 设置完成后，在单元格中输入身份证号并按【Enter】键后，号码就可以完整地显示了。

序号	员工编号	姓名	身份证号	出生日期	部门
1	SL0001	钱 黛	51****199207223985		
2	SL0002	陶雪梅			

除了提前设置好文本格式外，还有一种快速输入文本的方法：先输入一个英文（半角）状态下的单引号 "'"，然后再输入数字，如下图所示。

序号	员工编号	姓名	身份证号	出生日期	部门
1	SL0001	钱 黛	'51****199207223985		
2	SL0002	陶雪梅			

输入完成后，可以看到输入效果与上一方式相同，并且单元格左上角带有一个绿色的小三角标志，表示单元格中的数据是文本型数字。

序号	员工编号	姓名	身份证号	出生日期	部门
1	SL0001	钱 黛	51****199207223985		
2	SL0002	陶雪梅			

身份证号录入完成后，接下来再介绍一下如何从身份证号中提取出生日期。

4.2.5 从身份证号中提取出生日期

身份证号共有 18 位数字或字符，其中第 7~ 第 14 位代表出生日期，通过 MID 函数就可以把出生日期提取出来。由于本书第 8 章会专门介绍公式与函数的内容，所以这里只对 MID 函数作简单介绍，其他内容等到第 8 章再详细介绍。

MID 函数的功能是从一个文本字符串的指定位置开始，截取指定数目的字符。其语法结构如下所示。

MID(字符串 , 截取字符的起始位置 , 要截取的字符个数)

本案例中"字符串"就是身份证号，"截取字符的起始位置"是 7，"要截取的字符个数"是 8，第一个身份证号所在的单元格是 D2，因此公式为 "=MID(D2,7,8)"。

扫码看视频

配 套 资 源
第4章 \ 员工信息表03—原始文件
第4章 \ 员工信息表03—最终效果

STEP 01 打开本实例的原始文件，从D列身份证号中提取出生日期放在E列对应的单元格中，■在E2单元格中输入公式"=MID(D2,7,8)"，②输入完成后按【Enter】键。

STEP 02 将鼠标指针移动到E2单元格的右下角，当鼠标指针变成"十"字形状时，双击鼠标左键即可将E2单元格中的公式向下填充。

填充完成后，可以看到所有的出生日期都被提取出来了。但是要注意，MID 函数是文本函数，其结果也为文本。接下来如果要将其提取结果转化为标准的日期格式，需要用到 TEXT 函数。

TEXT 函数主要用来将数字转换为指定格式的文本，其语法结构如下。

$$TEXT(\text{数字},\text{格式代码})$$

首先需要将数字字符串转换为系统能够识别的标准日期格式，用"-"连接"年""月""日"，即"0000-00-00"。由于 TEXT 函数的结果仍然是文本，所以需要在 TEXT 公式前加上两个负号"--"，得到日期格式的数据。因此，输入的公式为"=--TEXT(MID 函数的提取结果，"0000-00-00")"。

STEP 03 将E2单元格中的公式更改为"=--TEXT(MID(D2,7,8),"0000-00-00")"，然后向下填充，效果如下图所示。

STEP 04 填充完成后，**1**选中E列，**2**切换到【开始】选项卡，**3**单击【数字格式】右侧的下拉按钮，**4**在下拉列表中选择日期格式即可，例如这里选择【短日期】格式。最终效果如下图所示。

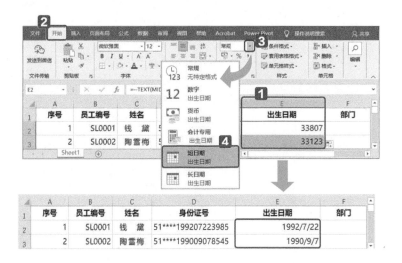

这样出生日期的提取公式就设置好了，只要填充身份证号列的信息，将出生日期列的公式向下复制即可自动填充。

4.2.6 用下拉列表输入部门和岗位

部门和岗位是工作中经常需要输入的信息，对于这样固定的数据可以使用下拉列表来输入。在输入部门数据后，岗位列对应单元格的下拉列表中只有该部门对应的岗位，如下图所示。

以上称为二级联动下拉列表，这种下拉列表通过数据验证功能就可以实现，具体操作如下。

扫码看视频

配 套 资 源
第4章 \ 员工信息表04—原始文件
第4章 \ 员工信息表04—最终效果

STEP 01 打开本实例的原始文件，新建一个工作表，命名为"参数表"，并输入下图所示的部门和岗位信息，注意各部门对应的岗位需横向录入，以便定义名称。

	A	B	C	D	E	F
1	部门	岗位				
2	财务部	部门经理	出纳	外勤会计		
3	人力资源部	部门经理	招聘专员	培训专员	人事专员	
4	行政部	部门经理	行政专员	行政前台		
5	业务管理部	部门经理	业务主管	销售内勤	数据专员	文员
6	销售部	部门经理	销售主管	销售组长	销售业务员	
7	质检客服部	部门经理	质检专员	客服专员		

在继续操作之前，先介绍一下定义名称的含义。名称是为单元格区域、数据常量或公式设定的一个新名字。在 Excel 中，系统为每一个单元格和单元格区域都默认定义了一种叫法，例如单元格 A2、B8，单元格区域 A2:B8。如果单元格区域在公式中需要重复使用，极易输错、混淆；如果我们为单元格区域定义名称后，就可以直接在公式中通过定义的名称来引用这些数据了，不仅方便输入，而且容易分辨。

STEP 02 首先为部门定义名称，**1**选中A2:A7区域，**2**切换到【公式】选项卡，**3**单击【定义的名称】组中的【定义名称】按钮的左半部分，弹出【新建名称】对话框，**4**在【名称】文本框中输入"部门"，**5**单击【确定】按钮。

接下来定义各部门对应的岗位名称，要求每一行是一个名称的内容，并且最左列单元格的内容是各名称的标题，如下图所示。

	A	B	C	D	E	F	G	H	I
1	部门	岗位							
2	财务部	部门经理	出纳	外勤会计					
3	人力资源部	部门经理	招聘专员	培训专员	人事专员				
4	行政部	部门经理	行政专员	行政前台					
5	业务管理部	部门经理	业务主管	销售内勤	数据专员	文员			
6	销售部	部门经理	销售主管	销售组长	销售业务员				
7	质检客服部	部门经理	质检专员	客服专员					

STEP 03 **1**选中所有部门和岗位所在的单元格区域（A2:F7区域），**2**按【Ctrl】+【G】

组合键，弹出【定位】对话框，3 单击【定位条件】按钮，弹出【定位条件】对话框，4 选中【常量】单选钮，单击【确定】按钮。

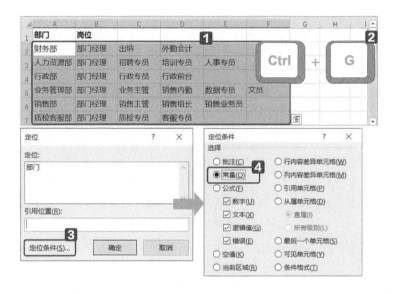

STEP 04 1 切换到【公式】选项卡，2 单击【定义的名称】组中的【根据所选内容创建】，弹出【根据所选内容创建】对话框，3 勾选【最左列】复选框，4 单击【确定】按钮。

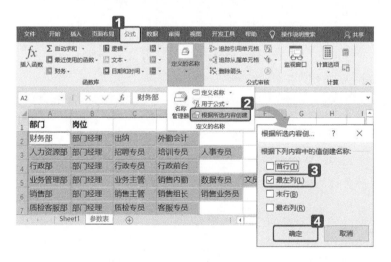

STEP 05 名称定义完成后，再来设置数据验证。1 选中F2向下的数据区域，2 切换到【数据】选项卡，3 单击【数据工具】组中的【数据验证】按钮的左半部分，弹出【数据验证】对话框，4 在【设置】选项卡下的【允许】下拉列表中选择【序列】选项，5 在【来源】文本框中输入"=部门"，6 单击【确定】按钮。这样部门的下拉列表就设置好了。

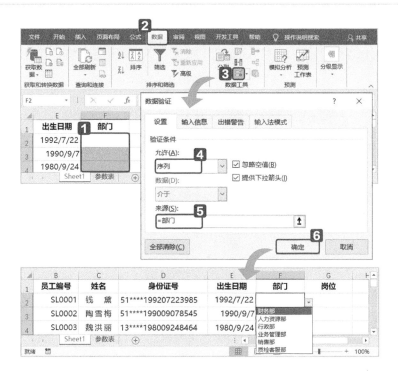

STEP 06 最后设置岗位的下拉列表。①选中G2向下的数据区域，②切换到【数据】选项卡，③单击【数据工具】组中的【数据验证】按钮的左半部分，弹出【数据验证】对话框，④在【设置】选项卡下的【允许】下拉列表中选择【序列】选项，⑤在【来源】文本框中输入"=INDIRECT(F2)"，⑥单击【确定】按钮。这样岗位的下拉列表就设置好了。

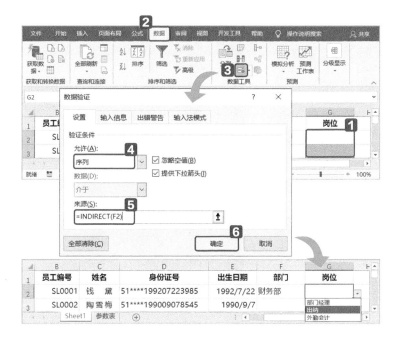

在设置岗位的下拉列表时用到了 INDIRECT 函数，在这里简单介绍一下。

INDIRECT 函数的功能是把一个字符串表示的单元格地址转换为引用，其语法结构如下。

INDIRECT(字符串表示的单元格地址，引用方式）

函数的第二个参数是逻辑值，如果忽略或输入 "TRUE"，表示的是 A1 引用方式（即常规的方式，列标是字母，行号是数字，例如 A3 表示第 1 列和第 3 行交叉的单元格）；如果输入 "FALSE"，表示的是 R1C1 引用方式（即列标是数字，行号是数字，例如 R3C1 表示第 3 行第 1 列，也就是常规的 A3 单元格）。通常情况下直接忽略逻辑值。

本案例中，在【数据验证】对话框的【来源】文本框中输入公式 "=INDIRECT(F2)"，表示间接引用 F2 单元格的内容，而 F2 单元格的部门都被定义了名称，所以系统会自动引用定义的名称的内容，即各个部门下的所有岗位。最终表现为 G2 的序列来源于 F2 中部门对应的所有岗位。

以上就是制作二级联动下拉列表的过程，用到的知识有定义名称、数据验证和 INDIRECT 函数，只要掌握了逻辑，理解起来就很简单了。

4.2.7 让 Excel 自动检查输入的数据

在上一小节介绍了数据验证功能可以制作下拉列表，除此之外，使用数据验证功能还能保证数据输入不出错。它可以限制输入的内容和格式、设置输入提示及出错警告等。下面以输入手机号为例，介绍一下具体操作方法。

扫码看视频

配 套 资 源
第4章 \ 员工信息表05—原始文件
第4章 \ 员工信息表05—最终效果

● 设置输入格式

在输入手机号码时，经常会出现多一位或少一位的情况，为了保证输入准确，可以限定输入的手机号码必须为 11 位。

STEP 01 打开本实例的原始文件，❶选中H列，❷切换到【数据】选项卡，❸单击【数据工具】组中的【数据验证】按钮的左半部分，弹出【数据验证】对话框，❹在【允许】下拉列表中选择【文本长度】选项，❺在【数据】下拉列表中选择【等于】选项，❻在【长度】文本框中输入 "11"，❼设置完成后，单击【确定】按钮。

STEP 02 返回工作表后，如果H列输入的手机号不是11位，就会弹出错误警告。

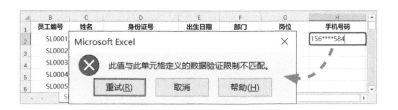

设置出错警告

有时虽然设置了数据验证，出错时会弹出错误警告，但是用户仍然不知道哪里出错了，为了使提示更明确，可以自定义设置出错警告的内容。

STEP 01 选中H列，打开【数据验证】对话框，**1**切换到【出错警告】选项卡，**2**在【错误信息】文本框中输入"请查看输入的手机号是否为11位！"，**3**然后单击【确定】按钮。

STEP 02 返回工作表，当在H列输入的手机号不是11位时，就会弹出提示信息。

设置输入提醒

即使设置了输入格式和出错警告，用户也只能在输入完成后才发现问题，并且反复输入也很浪费时间。如果能够在用户输入之前就提醒输入的内容或格式，就能够有效避免错误，提高效率。

STEP 01 选中H列，打开【数据验证】对话框，**1**切换到【输入信息】选项卡，**2**在【标题】文本框中输入"输入格式"，**3**在【输入信息】文本框中输入"请输入11位手机号码"，**4**单击【确定】按钮。

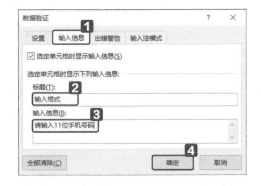

STEP 02 返回工作表，当光标定位到H列的任意一个单元格中时，就会浮出下图所示的提示框。

提 示

数据验证只对设置完成后手工输入的数据起作用，而对已经输入的数据或复制粘贴的数据并无作用。

圈释无效数据

要检验已经输入的数据是否符合验证条件，可使用【数据验证】中的【圈释无效数据】功能，其可以将不符合验证条件的数据用红色圈标记出来，如下图所示。

如果不再需要标记，单击【数据验证】中的【清除验证标识圈】命令即可。

4.2.8 表格那么长，如何让标题始终可见

很多人都很畏惧数据量大的表格，因为无论是浏览表格还是输入数据，来回翻页都很麻烦。特别是翻到下面时看过的标题可能就忘了，又要返回表头看标题。这时可以使用冻结窗格功能，使指定的行或列固定，这样无论怎么翻页都能始终看到标题。

下面以员工信息表为例介绍冻结窗格的几种方式。

◉ 冻结首行

STEP ❶选中首行，❷切换到【视图】选项卡，❸单击【窗口】组中的【冻结窗格】按钮，❹在下拉列表中选择【冻结首行】选项即可。这样在向下翻页时，首行（即标题行）会始终显示，如下图所示。

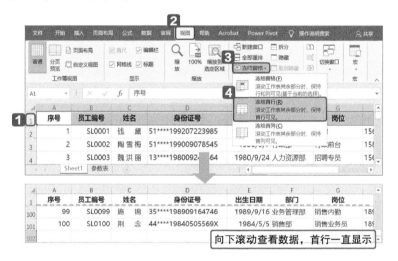

◉ 冻结首列

STEP ❶选中首列，❷切换到【视图】选项卡，❸单击【窗口】组中的【冻结窗格】按钮，❹在下拉列表中选择【冻结首列】选项即可。这样在向右翻页时，首列会始终显示，如下图所示。

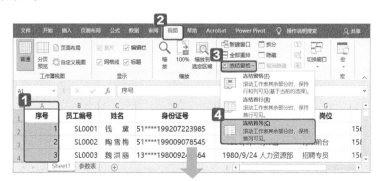

冻结窗格

STEP 如果想同时固定行和列，例如始终显示第1行和第2列，**1**首先选中第1行和第2列交叉点右下角的第一个单元格，即C2，**2**切换到【视图】选项卡，**3**单击【窗口】组中的【冻结窗格】按钮，**4**在下拉列表中选择【冻结窗格】选项即可。这样无论是向右还是向下翻页，第1行、第1列和第2列都会固定显示，如下图所示。

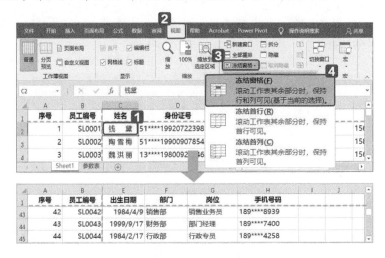

如果不再需要冻结，只要单击【视图】→【冻结窗格】→【取消冻结窗格】即可。

高手秘技

锁定部分单元格，使数据不能被修改

有时制表人做好的表格不想让别人修改，或者只允许填表人在指定区域内填写，其他区域不允许修改。例如下表中，表格的行标题和列标题都是锁定的，不能被修改，只允许修改空白区域，该如何操作呢？

只要解除锁定整张工作表，然后只锁定行标题和列标题，在此基础上执行【保护工作表】的操作即可，具体操作请扫码观看视频。

配 套 资 源	
	第4章 \ 锁定部分单元格—原始文件
	第4章 \ 锁定部分单元格—最终效果

扫码看视频

在单元格里实现换行

在单元格中输入内容时，按【Enter】键后，不会在单元格内换行，而是跳转到下一个单元格。如何实现在单元格中换行呢？下面介绍两种方法：自动换行与强制换行。具体操作请扫码观看视频。

配 套 资 源	
	第4章 \ 在单元格内换行—原始文件
	第4章 \ 在单元格内换行—最终效果

扫码看视频

第5章
数据整理与表格美化

数据整理是数据计算与分析的前提，只有数据规范了，才能保证后续工作的高效进行。

除了对数据进行整理操作之外，还可以对表格进行美化，包括设置边框底纹、应用样式等。

关于本章知识，本书配套教学资源中有相关的素材文件及教学视频，读者也可以扫描书中的二维码进行学习。

5.1 整理销售明细表的不规范数据

当面对一张数据不规范的表格时，如何快速对数据进行整理是一个非常令人头疼的问题，如果没有掌握正确的方法，工作效率就会受到很大的影响。接下来介绍最常见的几种不规范数据的整理方法。

5.1.1 不能用函数计算的数字

工作中经常会遇到这样的情况：单元格中明明输入的是数字，但是使用函数计算时，得到的结果却是"0"。这些数字都有一个共同的特征，它们所在单元格的左上角都有一个绿色的小三角，如下图所示。

产品信息	单价（元）	订单数量	订单金额(元)
SF004塑封机/台	213	39	8,307
SZ006碎纸机/台	899	58	52,142
DN001电脑/台	2888	60	173,280

我们在 4.2.1 小节介绍过，这类数字被称为文本型数字，为了避免影响后续的数据分析，需将其进行转换。如何将这些绿色的小三角去掉，使数字变成能够使用函数计算的纯数字呢？下面介绍两种方法。

◉ **智能标记**

配　套　资　源
第5章 \ 销售明细表—原始文件
第5章 \ 销售明细表—最终效果

扫码看视频

STEP 01 打开本实例的原始文件，**1** 选中F2:F436区域，在选中区域的旁边会出现一个智能标记，**2** 将鼠标指针放在该智能标记上，可以看到提示内容："此单元格中的数字为文本格式，或者其前面有撇号。"。

STEP 02 1单击该智能标记右侧的下拉按钮，2在弹出的下拉列表中选择【转换为数字】选项。操作完成后，文本型数字即被转换为纯数字，在单元格中右对齐，并且单元格左上角的绿色小三角消失，如下图所示。

选择性粘贴

如果上述方法不可行，可以采用第二种方法：利用选择性粘贴功能，将文本型数字区域统一进行"+0"运算，这样文本型数字就可以转换为纯数字了。

配套资源
第5章 \ 销售明细表01—原始文件
第5章 \ 销售明细表01—最终效果

STEP 01 打开本实例的原始文件，首先在数据区域以外的空白单元格中输入要执行加法运算的"0"，1例如在P1单元格中输入"0"，2选中P1单元格，按【Ctrl】+【C】组合键进行复制。

STEP 02 1选中F2:F436区域，由于本案例中该区域存在空单元格，如果不想让空单元格显示为"0"，这里可以只定位常量，对常量所在的单元格进行操作就可以了。定位常量的操作如下：2按【Ctrl】+【G】组合键，弹出【定位】对话框，3单击【定位条件】按钮，弹出【定位条件】对话框，4选中【常量】单选钮，5单击【确定】按钮。

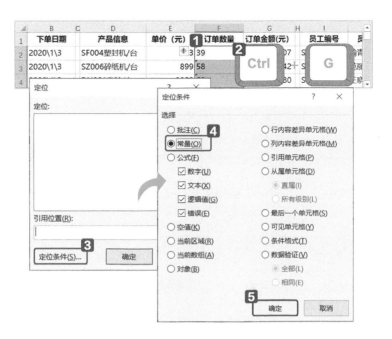

STEP 03 定位完成后，■1 在定位区域上单击鼠标右键（如果没有定位常量的操作，直接在选中区域上单击鼠标右键即可），■2 在弹出的快捷菜单中选择【选择性粘贴】选项，弹出【选择性粘贴】对话框，■3 选中【运算】组中的【加】单选钮，■4 单击【确定】按钮。

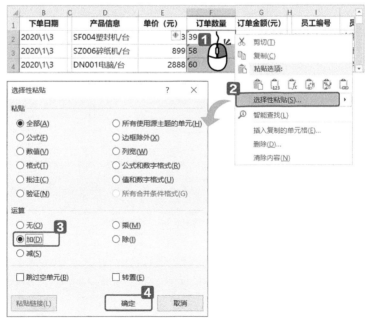

STEP 04 返回工作表，可以看到F2:F436区域的文本型数字被转换为纯数字，在单元格中右对齐，并且单元格左上角的绿色小三角消失。

	下单日期	产品信息	单价（元）	订单数量	订单金额(元)	员工编号	员
	B	C	D	E	F	G	H	I
1	下单日期	产品信息	单价（元）	订单数量	订单金额(元)	员工编号	
2	2020\1\3	SF004塑封机/台	213	39	8,307	SL0060	喻青
3	2020\1\3	SZ006碎纸机/台	899	58	52,142	SL0049	范丽
4	2020\1\3	DN001电脑/台	2888	60	173,280	SL0066	王晓

本案例中，在使用选择性粘贴时，P1 单元格的格式也会被粘贴过来，因此操作完成后还需要对 F2:F436 区域的格式进行设置。

通过本案例介绍的两种方法，就可以正常计算不能用函数计算的文本型数字了。

5.1.2 混乱的日期格式

日常工作中经常会遇到同列数据中有多种日期格式的表格，如下图所示。

订单编号	下单日期	产品信息
SL-2020-1-3-SF004-001	2020\1\3	SF004塑封机/台
SL-2020-1-4-DC007-001	2020.1.4	DC007点钞机/台
SL-2020-1-5-TY008-001	2020/1/5	TY008投影仪/台
SL-2020-1-10-CZ003-001	2020-01-10	CZ003传真机/台

其中能被 Excel 识别的日期是以 "/" 和 "-" 为分隔符的日期（标准日期），而以 "."和 "\" 为分隔符的日期格式则是无法识别的（非法日期），这样的日期格式在阅读时可能没有问题，但是如果要使用数据透视表对数据进行汇总时就会出问题：无法按照日期汇总月度、季度、年度的数据。

因此，面对这样混乱的日期时，首先需要对其进行整理，下面介绍两种方法。

◎ 替换法

最简单直接的方法就是替换分隔符，具体操作如下。

配 套 资 源
第5章 \ 销售明细表02—原始文件
第5章 \ 销售明细表02—最终效果

STEP 01 打开本实例的原始文件，❶选中B列，❷切换到【开始】选项卡，❸单击【编辑】组中的❹【查找和选择】按钮，❺在弹出的下拉列表中选择【替换】选项，弹出【查找和替换】对话框，❻在【查找内容】文本框中输入 "\"，❼在【替换为】文本框中输入 "/"，❽单击【全部替换】按钮，弹出提示框，提示共完成128处替换。❾单击【确定】按钮。

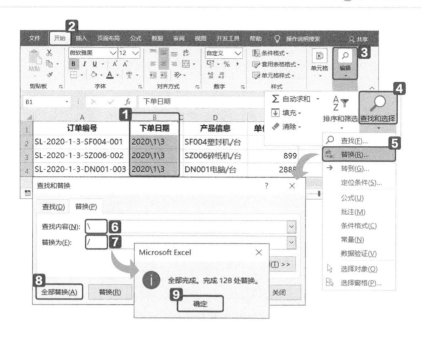

返回【查找和替换】对话框，**1**在【查找内容】文本框中输入"."，**2**【替换为】文本框中的内容不变，**3**单击【全部替换】按钮，弹出提示框，**4**单击【确定】按钮。

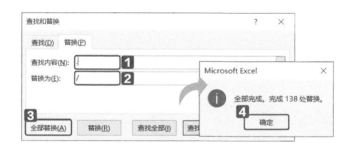

关闭【查找和替换】对话框，返回工作表，可以看到B列有两种日期格式，分别是以"/"为分隔符的短日期和以"-"为分隔符的长日期，如下图所示。

SL-2020-1-9-DS009-004	2020/1/9	DS009电视机/台	2599	49	1
SL-2020-1-9-DY002-005	2020/1/9	DY002打印机/台	1680	36	
SL-2020-1-10-CZ003-001	2020-01-10	CZ003传真机/台	856	38	
SL-2020-1-10-DC007-002	2020-01-10	DC007点钞机/台	468	49	

将两种日期格式进行统一。**1**选中B列，**2**切换到【开始】选项卡，**3**单击【数字格式】右侧的下拉按钮，**4**在弹出的下拉列表中选择【短日期】格式，即可将日期格式统一为以"/"为分隔符的短日期。

分列法

除了以上介绍的方法，还可以使用分列工具整理混乱的日期格式，具体操作如下。

扫码看视频

配 套 资 源
第5章 \ 销售明细表03—原始文件
第5章 \ 销售明细表03—最终效果

STEP 01 打开本实例的原始文件，**1**选中B列，**2**切换到【数据】选项卡，**3**单击【数据工具】组中的【分列】按钮，弹出文本分列向导对话框，默认选中的是【分隔符号】单选钮，**4**直接单击【下一步】按钮。

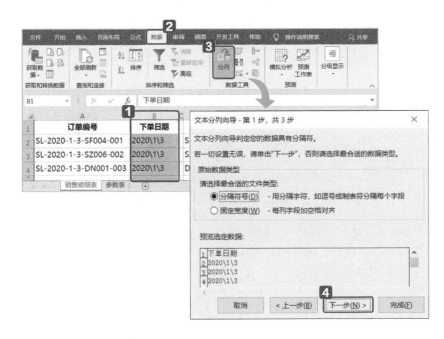

STEP 02 弹出文本分列向导第2步的对话框，**1**单击【下一步】按钮，弹出文本分列向导第3步的对话框，**2**选中【日期】单选钮，**3**单击【完成】按钮。

STEP 03 操作完成后返回工作表，不规范的日期全部变为以"/"为分隔符的规范日期，但是之前以"-"为分隔符的日期仍然不变，如下图所示。

SL-2020-1-9-DS009-004	2020/1/9	DS009电视机/台	2599	49	1
SL-2020-1-9-DY002-005	2020/1/9	DY002打印机/台	1680	36	
SL-2020-1-10-CZ003-001	2020-01-10	CZ003传真机/台	856	38	
SL-2020-1-10-DC007-002	2020-01-10	DC007点钞机/台	468	49	

STEP 04 将两种日期格式进行统一。**1**选中B列，**2**切换到【开始】选项卡，**3**单击【数字格式】右侧的下拉按钮，**4**在弹出的下拉列表中选择【短日期】格式，即可将日期格式统一为以"/"为分隔符的短日期。

5.1.3 分离数字或文本

从系统导出的数据中经常会遇到下面左图这样的情况，多个字段（产品编码、产品名称和单位）都填在一列中，在具体使用时需要将它们分离开来，如下面右图所示。

如果逐个复制粘贴，工作量非常大。有没有什么更好的办法呢？这里介绍两种简单的方法：分列法和快速填充法。

◉ 分列法

当需要分离的数据中有分隔符号或字段宽度固定时，使用分列工具是非常有效的一种方法。

配 套 资 源
第5章 \ 销售明细表04—原始文件
第5章 \ 销售明细表04—最终效果

STEP 01 打开本实例的原始文件，因为要将产品信息分出3列，因此在D列后插入3个空白列。❶首先选中D列，❷切换到【数据】选项卡，❸单击【数据工具】组中的【分列】按钮，弹出文本分列向导对话框，❹选中【固定宽度】单选钮，❺单击【下一步】按钮。

STEP 02 弹出文本分列向导第2步的对话框，①在【数据预览】窗口中的产品编码和产品名称的中间位置单击鼠标左键，添加分列线，②出现分列线后，单击【下一步】按钮，弹出文本分列向导第3步的对话框，③在【目标区域】文本框中输入首次分列后数据的存放位置，这里输入"=$E$1"，④单击【完成】按钮。

STEP 03 弹出对话框，单击【确定】按钮。返回工作表，将新分出的两列的标题分别命名为"产品编码""产品名称和单位"，如下图所示。

STEP 04 接下来进行第二次分列，①选中F列，②切换到【数据】选项卡，③单击【数据工具】组中的【分列】按钮，弹出文本分列向导对话框。这里使用【分隔符号】分列，保持默认选项不变，④直接单击【下一步】按钮。

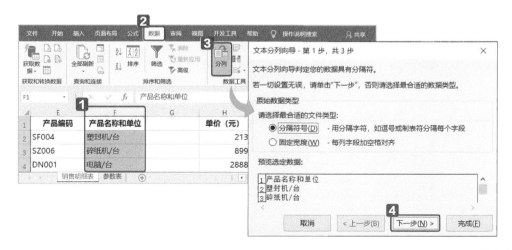

STEP 05 弹出文本分列向导第2步的对话框，1勾选【其他】复选框，2在其右侧的文本框中输入分隔符号"/"，3单击【下一步】按钮，弹出文本分列向导第3步的对话框，目标区域不用修改（直接覆盖F列），4单击【完成】按钮。

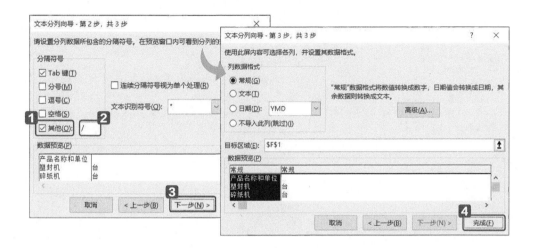

STEP 06 弹出对话框，单击【确定】按钮。返回工作表，分列完成，将F、G两列的标题分别命名为"产品名称"和"单位"，最终效果如下图所示。

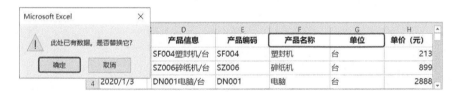

快速填充法

与分列工具相比，快速填充功能则更智能一些，下面介绍具体操作方法。

配 套 资 源
第5章＼销售明细表05—原始文件
第5章＼销售明细表05—最终效果

STEP 01 打开本实例的原始文件，在D列后插入3个空白列，并分别输入标题"产品编码""产品名称""单位"，如下图所示。

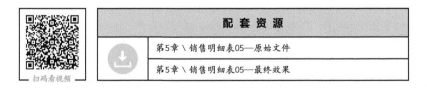

STEP 02 将D2单元格中的产品编码复制到E2中。**1**将鼠标指针移动到E2单元格的右下角，当鼠标指针变成十字形状时，按住鼠标左键向下拖曳至最后一行，释放鼠标，**2**在填充数据的旁边会出现一个【自动填充选项】按钮，单击此按钮，**3**在弹出的下拉列表中选中【快速填充】单选钮，即可完成对产品编码的快速填充。

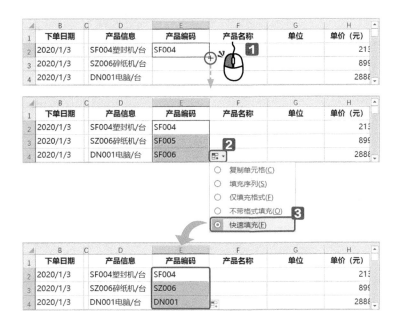

STEP 03 将D2单元格中的产品名称复制到F2中，采用**STEP 02**中同样的方法，完成对产品名称的快速填充，效果如下图所示。

STEP 04 将D2单元格中的单位复制到G2中，采用**STEP 02**中同样的方法，完成对单位的快速填充，最终效果如下图所示。

操作完成后，将没用的产品信息列（D 列）删除即可。

提示

快速填充的组合键是【Ctrl】+【E】，只要输入第一个示例数据，选中其下方的单元格，按【Ctrl】+【E】即可完成整列数据的快速填充。

本案例中没有使用该快捷方式，是因为本案例中存在空白行，在向下填充时，遇到空白单元格时填充就会自动中断，因此该方法不适用。具体操作效果读者可以亲自动手体验一下。

5.1.4 批量删除空行与空列

当数据表中存在空行或空列时，就会将数据区域隔断，影响后续的统计分析操作。无论是在录入数据时特意为之，还是从系统导出的表格自带空行或空列，这种情况都不应该存在。

接下来就介绍一种批量删除所有空行或空列的方法，具体操作步骤如下。

	配 套 资 源
	第5章 \ 销售明细表06—原始文件
	第5章 \ 销售明细表06—最终效果

STEP 01 批量删除空列的操作。打开本实例的原始文件，**1**选中能够代表所有空列的区域（即该区域中需要包含所有空列的某个空单元格，这样通过定位该空单元格将其所在的列删除即可），本案例中选中第1行，**2**按【Ctrl】+【G】组合键，弹出【定位】对话框，**3**单击【定位条件】按钮，弹出【定位条件】对话框，**4**选中【空值】单选钮，**5**单击【确定】按钮。

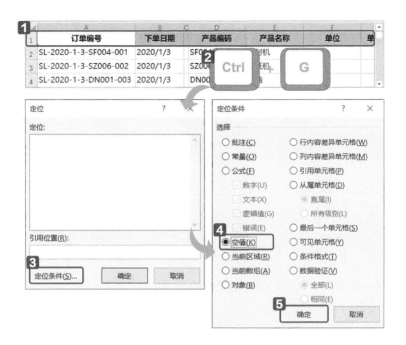

STEP 02 定位到第1行的空单元格之后，❶在任意一个定位到的空单元格上单击鼠标右键，❷在弹出的快捷菜单中选择【删除】选项，弹出【删除】对话框，❸选中【整列】单选钮，❹单击【确定】按钮，即可将定位到的空单元格所在的整列删除。

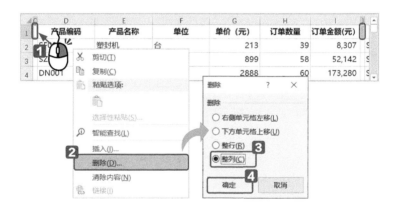

STEP 03 删除所有空行的操作与上述方法相同，只是需要首先选中能够代表所有空行的列，本案例中选中A列，其他操作与上述方法相同，最后删除整行即可。最终效果如下图所示。

	A	B	C	D	E	F	G
1	订单编号	下单日期	产品编码	产品名称	单位	单价（元）	订单数量
2	SL-2020-1-3-SF004-001	2020/1/3	SF004	塑封机	台	213	39
3	SL-2020-1-3-SZ006-002	2020/1/3	SZ006	碎纸机	台	899	58
4	SL-2020-1-3-DN001-003	2020/1/3	DN001	电脑	台	2888	60
5	SL-2020-1-4-DC007-001	2020/1/4	DC007	点钞机	台	468	60
6	SL-2020-1-4-CZ003-002	2020/1/4	CZ003	传真机	台	856	37

5.1.5 取消合并单元格并填充数据

很多人在制作表格时，喜欢将同类项进行合并，例如下面第一张表格中就对属于同一渠道的相邻行进行了合并，这样可使数据看起来更简洁美观。

但如果需要进一步统计明细数据，合并单元格将会导致后续统计时出现错误。因此，需要将明细表中的合并单元格全部取消合并，并且将取消合并后的空单元格全部填上取消合并前的数据，如下图所示。

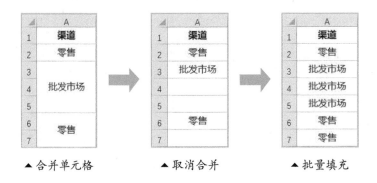

▲合并单元格　　　　　　▲取消合并　　　　　　▲批量填充

取消合并单元格的操作很简单，通过【合并后居中】按钮就可以实现，关键在于如何批量填补取消合并后的空单元格，下面就给大家介绍一种批量填充的方法，具体操作步骤如下。

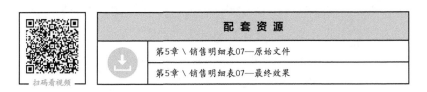

配 套 资 源
第5章 \ 销售明细表07—原始文件
第5章 \ 销售明细表07—最终效果

STEP 01 取消合并单元格。❶选中"销售明细表07—原始文件"中的K列，❷切换到【开始】选项卡，❸单击【对齐方式】组中的【合并后居中】按钮的左半部分。

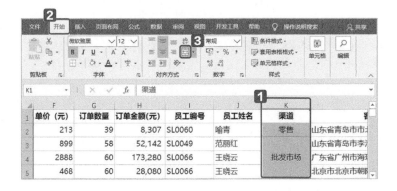

STEP 02 取消合并后可以看到，合并单元格的内容只保留在第一个单元格中，接下来需要定位取消合并后的所有空单元格。①按【Ctrl】+【G】组合键，弹出【定位】对话框，②单击【定位条件】按钮，弹出【定位条件】对话框，③选中【空值】单选钮，④单击【确定】按钮。

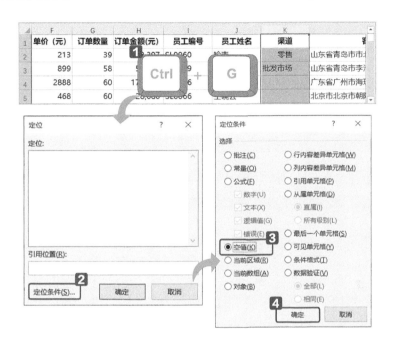

STEP 03 在工作表左上角的名称框中可以看到，目前选中的空单元格中活动单元格是K4，因为要在K4中输入与K3相同的内容，所以不要操作鼠标，①直接输入公式"=K3"，②输入完成后，直接按组合键【Ctrl】+【Enter】完成对所有选中空单元格的公式填充，即所有空单元格都等于其上方单元格中的内容了，最终效果如下图所示。

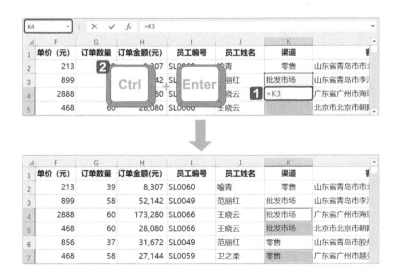

5.1.6 重复数据一次清除

数据表中出现重复记录的情况很常见，这会导致汇总计算的结果出现错误。因此，在统计分析之前，需要对重复值进行处理，从而得到唯一的数据清单。那么，如何将重复的数据找出来并全部删除呢？

如果靠肉眼去找，工作量大且易遗漏。其实，只要一个按钮就能够轻松搞定！

配 套 资 源
第5章 \ 销售明细表08—原始文件
第5章 \ 销售明细表08—最终效果

STEP 01 打开本实例的原始文件，**1** 选中数据区域的任意一个单元格，**2** 切换到【数据】选项卡，**3** 单击【数据工具】组中的【删除重复值】按钮。

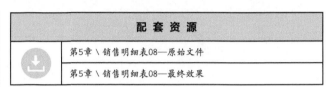

STEP 02 弹出【删除重复值】对话框，默认选中的是所有列，由于本案例要删除的是重复记录，所以要求重复值所在列的所有内容都相同，所以保持默认设置，**1** 单击【确定】按钮，弹出提示信息，**2** 单击【确定】按钮，工作表中即留下不含重复记录的数据清单。

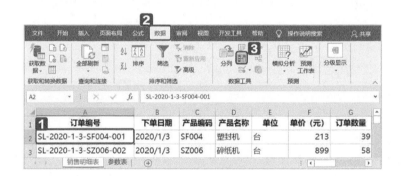

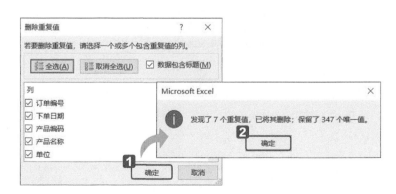

提 示

　　如果只有指定的几列数据一样即被认为是重复值并删除，则在【删除重复值】对话框中只需勾选指定的几列即可。例如，如果只要"下单日期""产品编码""订单数量"和"客户地址"的内容相同，即被认定为重复记录，则在【删除重复值】对话框中只需勾选以上几列即可。

　　因此，无论是要删除单列数据中的重复值还是整个数据清单中的重复记录，都可以一键完成！

5.2 商品销售汇总表的美化

　　在日常工作中，经常需要做各种各样的表格，大部分表格可能是要用来供查看或打印的。为了提高阅读或打印的效果，保证这类表格的美观性也是非常重要的工作。

　　下图所示的这张表格，展示的是各产品在一季度各月及第一季度总的销量。内容上没有什么问题，但是表格的框架很密，阅读起来很不舒适；而且数据较多，重点不突出，总体来说不易于阅读，也不美观。

▲ 各产品销量汇总表

　　如何快速提高表格的易读性及美观性呢？其实只要掌握一些基本的技巧，就可以轻松提高表格美化的效率，下面我们来详细介绍。

5.2.1 三秒整理表格框架

　　当表格中的数据较多时，可适当地增加行高和列宽，且其数值应尽量保持一致，如果相差太大，表格看起来会很混乱，不整洁。

　　根据以上原则，我们来介绍两种快速调整统一的行高或列宽的方法。

1. 鼠标拖曳法

在行号上单击并拖曳鼠标选中多行，然后把鼠标指针放在选中的任意两个行号之间，等鼠标指针变成上下的箭头形状时，拖曳鼠标，就可以统一调整各行行高。

列宽的调整方法与上述方法相同：同时选中多列，把鼠标指针放在选中的任意两个列标之间，等鼠标指针变成左右的箭头形状时，拖曳鼠标即可设置统一的列宽。

2. 对话框设置法

如果想要设置准确的行高数值，使用行高对话框来设置是最准确的。选中多行后，在选中的整行上单击鼠标右键，在快捷菜单中选择【行高】选项，然后在弹出的【行高】对话框中设置具体的行高数值。通常设置为 22 以上，读者也可根据表格具体需求来设置。

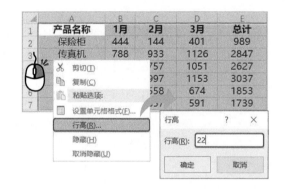

列宽的设置方法与上述方法相同：在选中的整列上单击鼠标右键，在快捷菜单中选择【列宽】选项，然后在【列宽】对话框中设置具体的列宽数值，数值大小根据表格的具体内容来设置即可。

以上介绍的两种方式各有优缺点。使用鼠标拖曳的优点是可以直观地看到调整后的效果，更便捷，但是很难精确设定调整的数值。使用对话框的优点是可以精确地调整数值，但是却无法实时查看调整效果，有时需要反复调整，比较麻烦。读者可以根据需求选用合适的方法。

5.2.2 自定义边框和底纹

在 Excel 中，边框和底纹的设置也是美化表格的重要方法，但是很多人忽略了这一点，有人甚至认为 Excel 中自带框线，没必要重新设置。

其实这种想法是错误的，在新建一个 Excel 工作表时，能够看到的框线只是 Excel 的网格线，它是虚拟的，并不是真实存在的，在【视图】选项卡下的【显示】组中，取消勾选【网格线】复选框，就会发现网格线消失了，如下页图所示。

在设置边框时，绝大多数人会对所有单元格加边框，密密麻麻的网格看起来很拥挤，阅读舒适性很差。一般来说，外边框和标题行用实线，内部框线则用颜色较浅的虚线，这样看起来更清楚明了。同时最好将标题行填充底纹，这样既能让标题行更醒目，也便于与数字区分。

下面演示一下添加边框和底纹的具体操作。

配 套 资 源	
第5章 \ 销售汇总表01—原始文件	
第5章 \ 销售汇总表01—最终效果	

扫码看视频

STEP 01 打开本实例的原始文件，先设置内框线。❶选中区域A2:E10，❷切换到【开始】选项卡，❸单击【字体】组中的【边框】右侧的下拉按钮，❹在弹出的下拉列表中选择【其他边框】选项，弹出【设置单元格格式】对话框，❺在【样式】列表框中选择合适的虚线，❻单击【颜色】下拉按钮，选择合适的颜色，❼在【预置】区域单击【外边框】和【内部】按钮，❽最后单击【确定】按钮。

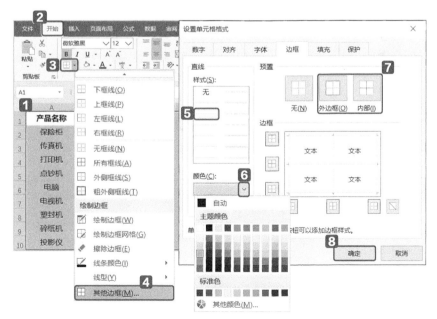

131

STEP 02 设置标题行的框线。■1选中标题行，■2用同样的方式打开【设置单元格格式】对话框，■3在【样式】列表框中选择合适的实线，■4单击【颜色】下拉按钮，选择合适的颜色，■5在【预置】区域单击【外边框】，■6最后单击【确定】按钮。

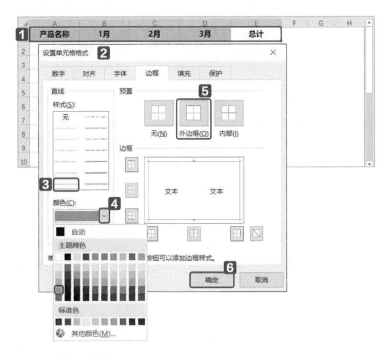

STEP 03 设置外框线。■1选中整个表格区域，■2用同样的方式打开【设置单元格格式】对话框，■3在【样式】列表框中选择与标题行相同的框线，■4单击【颜色】下拉按钮，选择与标题行相同的的颜色，■5在【预置】区域单击【外边框】，■6最后单击【确定】按钮。

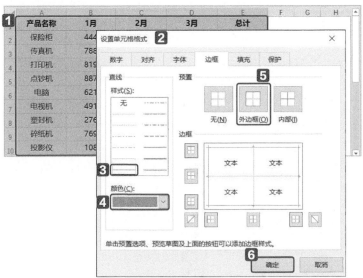

STEP 04 为标题填充底纹。■1选中标题行，■2切换到【开始】选项卡，■3单击【字体】组中【填充颜色】右侧的下拉按钮，■4在下拉列表中选择一种合适的颜色填充即可。注意填充的颜色要避免大红大绿，一般以淡灰色或淡青色较为适宜。

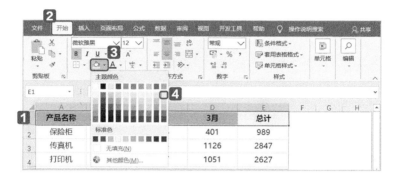

5.2.3 突出显示重点数据

Excel 表格使用者都希望拿到一份数据或表格时能够一眼看到重点，而不是还需要一个个去找甚至去分析。这时，运用【条件格式】功能就能很好地满足这一需求。

下面我们就以突出显示各月产品销量中前两名的数据为例，介绍一下具体操作步骤。

配 套 资 源	
第5章 \ 销售汇总表02—原始文件	
第5章 \ 销售汇总表02—最终效果	

扫码看视频

STEP 01 打开本实例的原始文件，■1选中区域B2:B10，■2切换到【开始】选项卡，■3单击【样式】组中的【条件格式】按钮，■4在弹出的下拉列表中选择【最前/最后规则】，■5在其级联菜单中选择【前10项】。

STEP 02 弹出【前10项】对话框，**1**将数值设置为【2】，**2**在右侧文本框的下拉列表中选择突出显示格式【浅红填充色深红色文本】，**3**单击【确定】按钮。

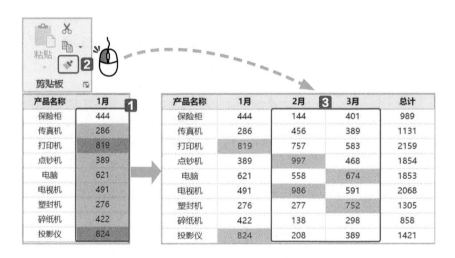

STEP 03 条件格式也属于单元格格式的一种，所以可以用格式刷进行复制粘贴。**1**选中设置好条件格式的1月数据区域，即B2:B10区域，**2**双击【格式刷】按钮，**3**分别刷新2月和3月的数据区域，最终效果如下图所示。

这样的表格一眼就能够看出重点数据，非常清晰。其实在**STEP 01**中可以看到【条件格式】的下拉菜单及其级联菜单中有多种格式化规则，并且提供了丰富的内置选项，读者可以自主选用，然后跟随提示进行操作，就能配置出想要的突出显示效果。

5.2.4) 一秒为表格换新装

Excel 作为日常工作中最常用的办公软件之一，其设计是非常贴心的，当表格制作完成后，要设置字体字号、行高列宽、边框底纹，甚至条件格式，一点点操作实在是太慢了。这时使用 Excel 内置的表格格式，就可以一秒为表格换新装，不用担心配色问题，浅色、中等色和深色的各个层次都有，具体的操作步骤如下。

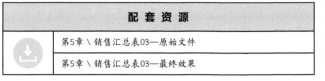

配 套 资 源	
	第5章 \ 销售汇总表03—原始文件
	第5章 \ 销售汇总表03—最终效果

扫码看视频

STEP 01 打开本实例的原始文件，**1** 选中数据区域的任意一个单元格，**2** 切换到【开始】选项卡，**3** 单击【套用表格格式】按钮，**4** 在弹出的下拉列表中选择一种合适的表格样式，如【绿色，表样式中等深浅7】，弹出【套用表格式】对话框，默认选中整个数据区域且包含标题，保持所有选项不变，**5** 单击【确定】按钮。

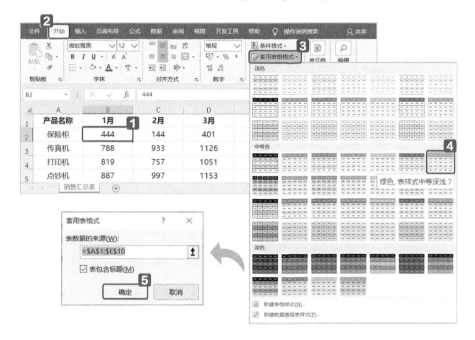

STEP 02 设置完成后，返回工作表，将【视图】选项卡下【显示】组中的网格线关闭，可以看到表格样式如右图所示。

产品名称	1月	2月	3月	总计
保险柜	444	144	401	989
传真机	788	933	1126	2847
打印机	819	757	1051	2627
点钞机	887	997	1153	3037
电脑	621	558	674	1853
电视机	491	657	591	1739
塑封机	276	277	335	888
碎纸机	769	1139	1191	3099
投影仪	108	208	389	705

STEP 03 给数据区域套用表格样式后，数据区域即被转换成表格，用户可以对表格进行其他设计。如果想要将表格转换为普通区域，**1** 选中表格的任意一个单元格，**2** 切换到【设计】选项卡，**3** 单击【工具】组中的【转换为区域】按钮即可。

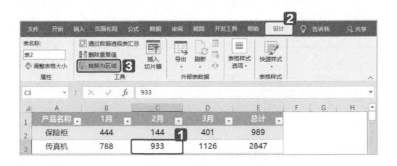

STEP 04 如果想要保留表格格式，不转换为普通区域，而是仅去掉标题行中各字段的筛选按钮，■1选中表格的任意一个单元格，■2切换到【设计】选项卡，■3取消勾选【表格样式选项】组中的【筛选按钮】复选框即可。最终效果如下图所示。

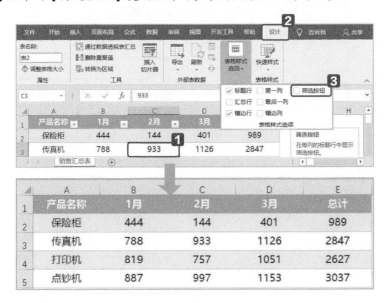

高手秘技

凸显加班日期

在以日期为顺序或标准来记录数据的工作表中，如果希望将加班日期单独标记出来，可以通过条件格式来实现，具体的操作请扫码观看视频。

配 套 资 源	
	第5章 \ 日销量统计表—原始文件
	第5章 \ 日销量统计表—最终效果

扫码看视频

在设置条件格式的规则时，需要使用 WEEKDAY 函数来判断当前日期是否为周末，如果是周末，则将日期加粗倾斜显示。

WEEKDAY 函数用于返回代表一个周中第几天的数值，该数值是一个 1~7 的整数。其语法结构如下。

WEEKDAY(serial_number,return_type)

参数 serial_number 指的是日期。return_type 为确定返回值类型的数字，若为 1 或省略，则 1 至 7 代表星期天到星期六；若为 2，则 1 至 7 代表星期一到星期天；若为 3，则 0 至 6 代表星期一到星期日。

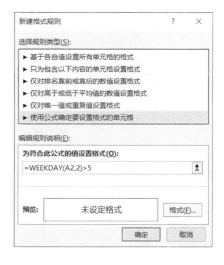

自动隔行填充底纹

当数据表格中的记录行非常多的时候，使用隔行填充底纹的方式可以让数据更容易被准确识别，阅读时也不容易产生视觉疲劳。使用条件格式功能可以很方便地实现隔行填充底纹。

本案例设置的是蓝白间隔条纹，其设置原理：首先判断当前单元格所在的行号，如果是奇数行则填充淡蓝色底纹，如果是偶数行则不填充。需要用到 ROW 函数和 MOD 函数。

ROW 函数用于获取某个单元格的行号，公式 "=ROW()" 表示返回当前单元格的行号。

MOD 函数是一个求余函数，即两个数值表达式进行除法运算后的余数。其语法结构: MOD(被除数 , 除数)。例如，公式 "=MOD(5,2)" 的结果是 "1"。

在本案例中要为奇数行填充蓝色底纹,判断是否为奇数行的公式为"=MOD(ROW(),2)=1",具体的操作请扫码观看视频。

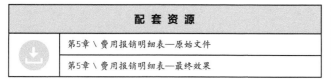

配 套 资 源
第5章 \ 费用报销明细表—原始文件
第5章 \ 费用报销明细表—最终效果

扫码看视频

第6章
排序、筛选
与汇总数据

数据的排序、筛选与汇总是
Excel中经常使用的几种功能。熟
练地使用这些功能，可以快速地
完成表格中的相关操作。

关于本章知识，本书配套教
学资源中有相关的素材文件及教
学视频，读者也可以扫描书中的
二维码进行学习。

6.1 多种排序任你挑选

在数据分析的过程中，对数据进行排序是非常重要的一步。为了方便查看，用户可以使用排序功能对工作表中的数据进行排序。

6.1.1 简单排序

在日常工作中，我们经常需要对数据进行排序。例如某销售部门经理想了解一下本部门员工 6 月工资情况，一大堆数据无序地呈现在眼前，会使人眼花缭乱。这时候简单地排序就可以将杂乱的数据快速整理出来。

配 套 资 源
第6章 \ 6月份销售部员工工资表—原始文件
第6章 \ 6月份销售部员工工资表—最终效果

STEP 01 打开本实例的原始文件，①选中K列数据中任意一个单元格，如K1，②切换到【数据】选项卡，③单击【排序和筛选】组中的【降序】按钮。

STEP 02 返回工作表，可以看到实发工资已经从高到低排序。

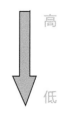

6.1.2 多关键字排序

在实际工作中，很多情况下仅通过一个关键字进行升、降序排列，并不能得到我们想要的结果，这时候可以利用多关键字对数据进行排序。例如，该销售部门经理想进一步了解6月本部门组长与员工之间的业绩奖金情况，具体操作步骤如下。

配 套 资 源
第6章 \ 6月份销售部员工工资表01—原始文件
第6章 \ 6月份销售部员工工资表01—最终效果

STEP 01 打开本实例的原始文件，**1** 选中数据区域内任意一个单元格，如C2，**2** 切换到【数据】选项卡，**3** 单击【排序和筛选】组中的【排序】按钮，**4** 弹出【排序】对话框，在【主要关键字】下拉列表中选择【职位】，【排序依据】默认为【单元格值】，**5** 在【次序】下拉列表中选择【降序】，**6** 单击【添加条件】按钮，**7** 在【次要关键字】下拉列表中选择【业绩奖金】，【排序依据】默认为【单元格值】，**8** 在【次序】下拉列表中选择【降序】，**9** 单击【确定】按钮。

STEP 02 返回工作表，可以看到职位与业绩奖金均以降序排列，数据从高到低一目了然，如下图所示。

6.1.3 按指定序列排序

简单的升、降序以及多关键字排序只能满足比较简单的要求，如果遇到条件复杂的情况，例如涉及"部门""职位""组别"等特殊的顺序，该如何操作呢？此时可以使用按指定序列排序，即自定义排序功能。

配 套 资 源
第6章 \ 6月份销售部员工工资表02—原始文件
第6章 \ 6月份销售部员工工资表02—最终效果

扫码看视频

STEP 01 打开本实例的原始文件，1 选中数据区域内任意一个单元格，如C2，2 切换到【数据】选项卡，3 单击【排序和筛选】组中的【排序】按钮，4 弹出【排序】对话框，在【主要关键字】下拉列表中选择【组别】，5 在【次序】下拉列表里选择【自定义序列】。

STEP 02 弹出【自定义序列】对话框，1 在【输入序列】文本框中输入"销售一组、销售二组、销售三组、销售四组、销售五组"（各组之间按【Enter】键隔开），2 单击【添加】按钮，3 单击【确定】按钮。

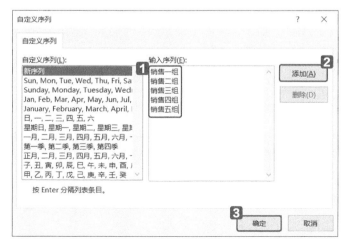

STEP 03 返回【排序】对话框，**1**单击【添加条件】按钮，**2**在【次要关键字】下拉列表中选择【实发工资】选项，**3**在【次序】下拉列表中选择【降序】选项，**4**单击【确定】按钮。

STEP 04 返回工作表，排序效果如下图所示。

	组别	职位	基本工资	业绩奖金	全勤奖	应发工资	社保	个人所得税	实发工资
1	销售一组	组长	5,000.00	753.40		5,753.40	1,093.07	-	4,660.33
2	销售一组	员工	4,000.00	866.20	200.00	5,066.20	962.54	-	4,103.66
3	销售一组	员工	4,000.00	652.30	200.00	4,852.30	921.88	-	3,930.42
4	销售二组	组长	5,000.00	819.60	200.00	6,019.60	1,143.61	-	4,875.99
5	销售二组	员工	4,000.00	747.50	200.00	4,947.50	939.93	-	4,007.57
6	销售二组	员工	4,000.00	266.00	200.00	4,466.00	848.54	-	3,617.46
7	销售三组	组长	5,000.00	644.60	200.00	5,844.60	1,110.36	-	4,734.24
8	销售三组	员工	4,000.00	775.40	200.00	4,975.40	945.25	-	4,030.15

工资明细表

6.2 万千数据挑着看

一张表格里通常包含几十甚至上百行的数据，数量庞大，要从这些数据里找到自己需要的信息，是一件很费精力的事情。如何快速找到符合条件的数据呢？我们可以借助筛选功能来实现。

6.2.1 指定条件的筛选

若该销售部经理只想看 6 月本部门销售一组的工资情况，在不删除其他组别工资的情况下，要怎么办呢？具体操作如下。

扫码看视频

配 套 资 源
第6章 \ 6月份销售部员工工资表03—原始文件
第6章 \ 6月份销售部员工工资表03—最终效果

STEP 01 打开本实例的原始文件，**1**选中数据区域内任意一个单元格，如C1，**2**切换

到【数据】选项卡，❸单击【排序和筛选】组中的【筛选】按钮，❹此时可以看到第一行的每个单元格右侧都出现了一个倒三角形的下拉按钮，单击【组别】右侧的下拉按钮，弹出筛选列表，❺取消勾选【全选】复选框，❻勾选【销售一组】复选框，❼单击【确定】按钮。

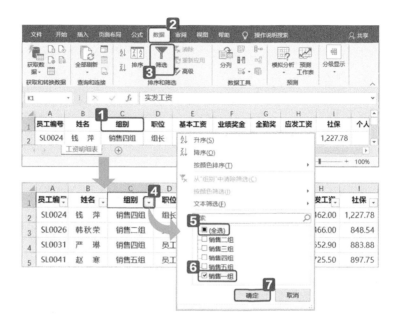

STEP 02 返回工作表，筛选效果如下图所示。

6.2.2 自定义筛选

如果需要同时按几个条件进行筛选，单一的指定条件筛选就不能满足要求了，这时可使用自定义筛选。若该销售部经理想要了解本部门哪些员工的实发工资为4500~5000元，具体操作如下。

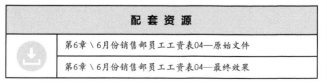

配 套 资 源
第6章 \ 6月份销售部员工工资表04—原始文件
第6章 \ 6月份销售部员工工资表04—最终效果

扫码看视频

STEP 01 打开本实例的原始文件，①单击【实发工资】单元格右侧的下拉按钮，②在筛选列表中选择【数字筛选】，③在【数字筛选】列表中选择【自定义筛选】选项，④弹出【自定义自动筛选方式】对话框，在第一个下拉菜单中选择【大于或等于】，⑤然后输入"4500"，⑥在第二个下拉菜单中选择【小于或等于】，⑦然后输入"5000"，⑧单击【确定】按钮。

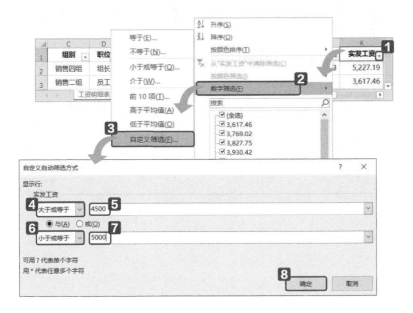

STEP 02 返回工作表，筛选效果如下图所示。

	C	D	E	F	G	H	I	J	K
1	组别	职位	基本工资	业绩奖金	全勤扣	应发工资	社保	个人所得税	实发工资
8	销售一组	组长	5,000.00	753.40	-	5,753.40	1,093.07	-	4,660.33
9	销售二组	组长	5,000.00	819.60	200.00	6,019.60	1,143.61	-	4,875.99
11	销售三组	组长	5,000.00	644.60	200.00	5,844.60	1,110.36	-	4,734.24
16	销售五组	组长	5,000.00	955.60	200.00	6,155.60	1,169.45	-	4,986.15

在 15 条记录中找到 4 个

6.2.3 高级筛选

在进行筛选工作时，按指定条件进行自动筛选和自定义筛选都属于比较简单的筛选数据方式。如果条件较复杂，则可以使用高级筛选。

通过高级筛选筛选出来的结果显示在新的区域，不会影响原数据，这样更便于数据对比；而简单筛选则是在原有数据的基础上隐藏不满足筛选条件的数据。接下来我们一起来看看高级筛选的操作步骤。

配套资源	
第6章 \ 6月份销售部员工工资表05——原始文件	
第6章 \ 6月份销售部员工工资表05——最终效果	

扫码看视频

STEP 01 打开本实例的原始文件，**1** 在M1:N3区域内输入筛选条件"职位，组长，员工""业绩奖金，<800，<500"，**2** 切换到【数据】选项卡，**3** 单击【排序和筛选】组中的【高级】按钮，**4** 弹出【高级筛选】对话框，选中【将筛选结果复制到其他位置】单选钮，**5**【列表区域】默认选中所用表格区域，**6**【条件区域】选中M1:N3区域，**7**【复制到】选中单元格P1，**8** 勾选【不重复的记录】复选框，**9** 单击【确定】按钮。

STEP 02 返回工作表，筛选效果如下图所示。

员工编号	姓名	组别	职位	基本工资	业绩奖金	全勤奖	应发工资	社保	个人所得
SL0026	韩秋荣	销售二组	员工	4,000.00	266.00	200.00	4,466.00	848.54	-
SL0054	陈 莉	销售一组	组长	5,000.00	753.40	-	5,753.40	1,093.07	-
SL0059	卫之柔	销售三组	组长	5,000.00	644.60	200.00	5,844.60	1,110.36	-

工资明细表

6.3 数据汇总超简单

在处理含有大量数据的工作表时，往往需要对这些数据进行分类汇总统计。例如，销售部门为了掌握公司销售情况，经常需要按月份、组别、销售地区等字段汇总统计销售额；生产部门为了掌握工厂生产情况，经常需要按月份、班组、产品等字段汇总统计销售额；等等。

Excel提供了分类汇总功能，使用该功能，可快速分类汇总出公司所需要的统计数据。

6.3.1 相同姓名的销售额汇总

在分类汇总之前，为了让数据准确，需要对数据进行排序，只有将同一项目的数据排列到一起，才能对要汇总的项目进行分类。下面我们就以某公司 2020 年第二季度销售额明细表为例，介绍一下相同姓名的销售额汇总，具体操作步骤如下。

配 套 资 源
第6章 \ 2020年第二季度销售额明细表—原始文件
第6章 \ 2020年第二季度销售额明细表—最终效果

STEP 01 打开本实例的原始文件，**1**单击D列数据区域内任意一个单元格，如D1，**2**切换到【数据】选项卡，**3**单击【排序和筛选】组中的【升序】按钮，**4**排序完成后单击【分级显示】组中的**5**【分类汇总】按钮，**6**弹出【分类汇总】对话框，在【分类字段】下拉列表中选择【姓名】选项，其余选项保持默认设置不变，**7**单击【确定】按钮。

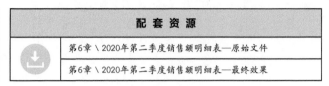

STEP 02 返回工作表，汇总效果如下图所示。

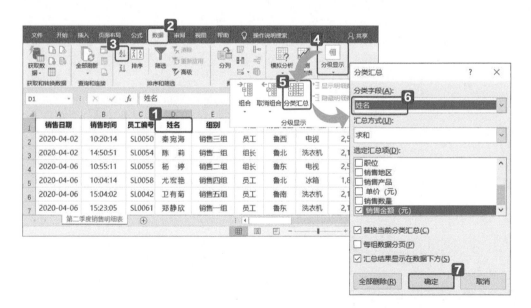

6.3.2 同一工作簿的多表合并

在同一个 Excel 工作簿中有很多工作表，若要将所有工作表中的数据合并到一个表格内，难道要一个一个地复制粘贴吗？这么做费时费力，还容易出错。接下来就来介绍快速准确地合并多个工作表到同一个工作表的操作方法。

提 示

以下操作要使用到 Power Query 功能。如果你的 Excel 是 2016 及以上的版本，可以在【数据】选项卡中找到此功能；如果不是，你需要在微软官网下载相关的插件。

配 套 资 源	
	第6章 \ 2020年四个季度销售额明细表—原始文件
	第6章 \ 2020年四个季度销售额明细表—最终效果

扫码看视频

STEP 01 打开本实例的原始文件，按【Ctrl】+【N】组合键，新建一个空白工作簿。

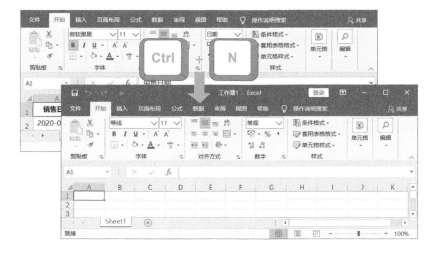

接下来我们便需要将工作表中的数据导入 Power Query 编辑器中。

STEP 02 在新建的Excel表中❶切换到【数据】选项卡，❷单击【获取和转换数据】组中的【获取数据】按钮，❸在下拉列表中单击【自文件】，❹单击【从工作簿】，❺弹出【导入数据】对话框，找到并单击"2020年四个季度销售额明细表—原始文件"，❻单击【导入】按钮，❼弹出【导航器】对话框，选中【选择多项】复选框，❽依次选择其余3个明细表，❾单击【转换数据】按钮。

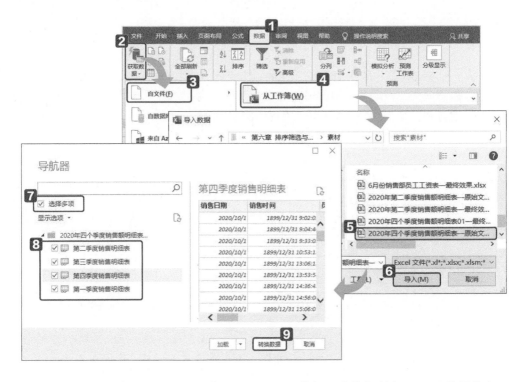

将数据导入完成之后，就可以在 Power Query 编辑器中编辑数据了！具体操作如下。

STEP 03 1弹出【Power Query编辑器】，选择【销售时间】列，2单击【数据类型】按钮，3在下拉列表中选择【时间】，4弹出【更改列类型】对话框，单击【替换当前转换】按钮。按上述操作方法修改第二季度销售明细表、第三季度销售明细表以及第四季度销售明细表中"销售时间"列的数据类型。

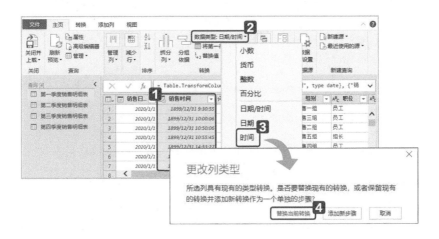

STEP 04 全部修改完成后，单击最左侧【查询】列中的"第一季度销售明细表"，回到第一季度销售明细表，1单击【组合】组中的2【追加查询】按钮，3弹出【追加】对

话框，选择【三个或更多表】，④单击【可用表】中的【第二季度销售明细表】，按住
【Shift】键并选中【第三季度销售明细表】【第四季度销售明细表】，⑤单击【添加】
按钮，将这些表添加到【要追加的表】中，⑥添加完成后单击【确定】按钮，⑦单击
【关闭并上载】按钮。

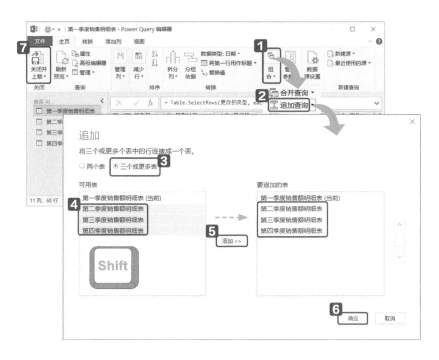

STEP 05 返回Excel表，可以看到工作簿中增加了第一、二、三、四季度销售额明细表，
而且第二、三、四季度的所有销售额数据已经合并到"第一季度销售额明细表"中。将
"第一季度销售额明细表"重命名为"2020年销售额明细表"，再将其他工作表删除，
同一工作簿的多表合并就完成了。

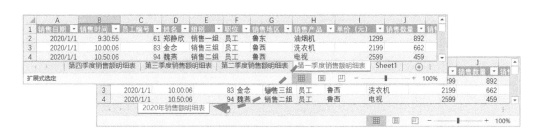

6.3.3 不同工作簿的多表合并

提到多表合并，除了上一节讲述的在同一工作簿中的多表合并，还有一种情况是在
不同工作簿中的多表合并。如下页图所示，现在需要把这四个季度的销售额明细表合并
到一个工作表中，具体操作如下。

配 套 资 源
第6章 \ 2020年四个季度销售额明细表01—原始文件
第6章 \ 2020年四个季度销售额明细表01—最终效果

STEP 01 新建一个空白的Excel表，①切换到【数据】选项卡，②单击【获取和转换数据】组中的【获取数据】按钮，③在下拉列表中单击【自文件】，④单击【从文件夹】，⑤弹出【文件夹】对话框，单击【浏览】按钮，找到工作簿所在的文件夹，⑥单击【确定】按钮，⑦在弹出的界面中单击【转换数据】按钮。

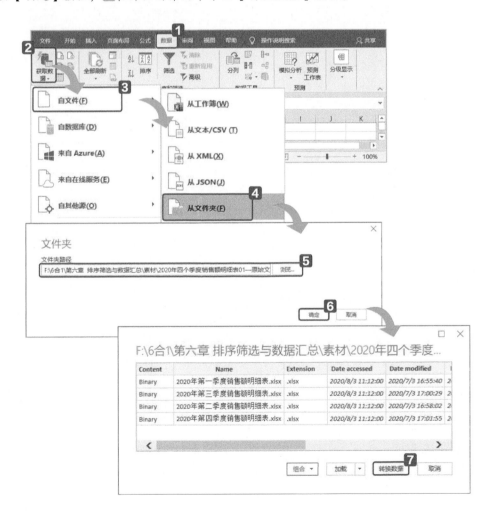

STEP 02 ❶弹出Power Query编辑器，选中【Content】列，❷单击【管理列】组中的 ❸【删除列】下拉按钮，❹选择【删除其他列】。

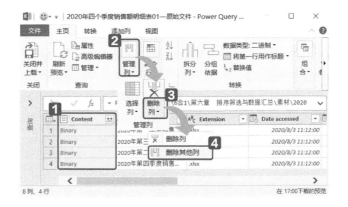

导入 Power Query 中的数据都存储在【Content】列中，其他列则显示每个工作簿的信息，是我们不需要的，因此需要将其删除，只需要将【Content】列中的内容提取出来。

STEP 03 ❶切换到【添加列】选项卡，❷单击【常规】组中的【自定义列】按钮，❸弹出【自定义列】对话框，在【自定义列公式】中输入公式 "=Excel.Workbook([Content], true)"，❹单击【确定】按钮。

在删除其他列之后表格内容仍无法显示，这是因为【Content】列显示的是二进制数据，而二进制数据是无法直接提取的，此时需要添加列并输入公式提取【Content】列的数据。

Excel.Workbook(要转换的二进制字段 , 逻辑值)

Excel.Workbook 函数主要用于从 Excel 工作簿返回工作表的记录。

函数的第一个参数为要转换的二进制字段，即本案例的【Content】列，这个字段可以在右侧框【可用列】中双击选择，不必手工输入；第二个参数为逻辑值，若使用第一行作为标题则输入"true"，若不使用则可以输入"false""null"或者不输入。

注意这个公式要严格区分大小写，否则会导致错误。

STEP 04 ①单击【自定义】右侧的扩展按钮，②取消勾选【使用原始列名作为前缀】复选框，③单击【确定】按钮。

STEP 05 ①单击【Data】右侧的扩展按钮，②单击【确定】按钮。

我们在 STEP 04 中将工作簿中的数据展开，在 STEP 05 中将工作表中的数据展开。

STEP 06 ①选中【销售日期】列，②切换到【主页】选项卡，③单击【转换】组中的【数据类型】，④选择【日期】选项，按此操作，⑤将【销售时间】列的【数据类型】改为【时间】，⑥单击【关闭并上载】按钮。

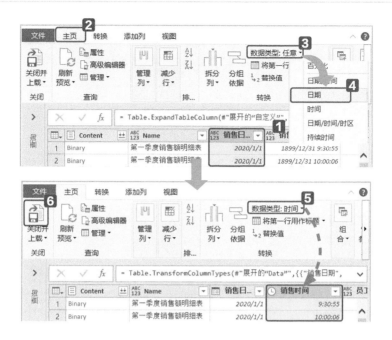

STEP 07 返回工作簿，可以看到四个工作簿的数据全部合并到同一个"2020四个季度销售额明细表01—原始文件"工作表中，删除Sheet1工作表，将"2020四个季度销售额明细表01—原始文件"工作表重命名为"2020年销售额明细表"，最后使用自定义序列将【Name】列按照"第一季度销售额明细表，第二季度销售额明细表，第三季度销售额明细表，第四季度销售额明细表"进行排序（6.1.3小节已经讲过，这里不赘述）。将工作表进行简单处理，删除不需要的数据，工作表便制作完成。

以上操作看起来步骤很多，实际上速度很快。使用 Power Query 功能不仅能准确快速地实现多个表格合并，而且以后如果原来工作表中的数据有变动，只需刷新一下，刚刚新建的表格就也会跟着变化，听起来是不是很厉害呢？赶快自己动手操作一下试试吧。

高手秘技

第一列的编号不参加排序

当我们对表格进行排序时，往往第一列的序号会被打乱，如何让序号不参加排序呢？

方法很简单，只要插入一列空白列即可，具体操作请扫码观看视频。

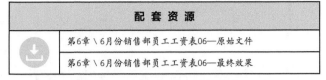

配 套 资 源
第6章 \ 6月份销售部员工工资表06—原始文件
第6章 \ 6月份销售部员工工资表06—最终效果

巧用排序制作工资条

　　工资条很常见，上面记录着员工每个月的工资情况。制作工资条的方法有很多，这里为大家介绍利用排序功能制作工资条的方法，这种方法快速简单，不易出错。具体操作请扫码观看视频。

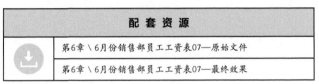

配 套 资 源
第6章 \ 6月份销售部员工工资表07—原始文件
第6章 \ 6月份销售部员工工资表07—最终效果

第 **7** 章

图表与数据透视表

一图抵万言。通过图表来展示数据，能够更直观地把问题体现出来。而数据是从哪里来的呢？数据透视表可以快速完成数据汇总。

本章我们就来介绍一下图表与数据透视表的具体应用。

关于本章知识，本书配套教学资源中有相关的素材文件及教学视频，读者也可以扫描书中的二维码进行学习。

7.1 制作销售额统计图表

图表可以让数据展示更直观，是数据可视化的利器，做好图表绝对可以给你的数据分析加分。要学好图表制作，首先要打好基础，只有基础牢固了，才能学得更好，做得更好。

7.1.1 如何选对图表

Excel 中的图表类型有很多，如柱形图、条形图、折线图、饼图、圆环图、旭日图、面积图、雷达图等。面对如此多的图表类型，究竟该如何选择呢？

我们应该根据分析目的选择合适的图表。下面分别介绍几种常用图表的适用场合。

● 展示数据变化或相对大小的"柱形图"

柱形图是"出镜率"最高的图表之一，它由一个个垂直柱体组成，主要用于展示不同类别之间的数量差异或不同时期的数量变化情况。

例如，根据产品销售数据分别制作簇状柱形图、堆积柱形图和百分比堆积柱形图，三个图主要表现销售额维度的不同。簇状柱形图侧重于比较不同月份的实际销售额大小；堆积柱形图侧重于比较各月的实际销售额与计划销售额，其中柱条的总高度代表计划销售额；百分比堆积柱形图侧重于显示实际销售额占计划销售额的百分比，每个柱条的总值为 100%。

月份	实际销售额(元)	计划销售额 (元)	差额（元）
1月	112572	190000	77428
2月	119383	190000	70617
3月	145370	190000	44630
4月	171251	190000	18749
5月	185987	190000	4013
6月	147779	190000	42221

▲ 产品销售情况统计表

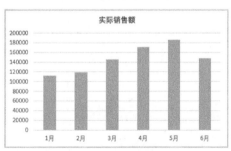

▲ 簇状柱形图

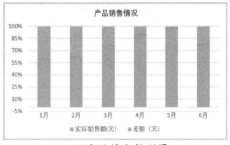

▲ 堆积柱形图

▲ 百分比堆积柱形图

适合排列名次的"条形图"

条形图由一个个水平条组成，主要用来突出数据的差异，而淡化时间和类别的差异。如果按从低到高的顺序进行排序，就可以一目了然地看到数据的最大值和最小值，非常直观。

比起柱形图，条形图的优势是分类轴在纵坐标轴上，当展示的项目较多或项目名称较长时，可以充分利用垂直方向的空间，不会太拥挤。

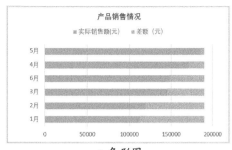

▲ 条形图

适合分析趋势的"折线图"

如果想要观察数据在某一段时间内的变化规律或趋势，折线图绝对是首选。通过折线图的线条波动，可以判断数据在一段时间内是呈上升趋势还是下降趋势，数据的变化是平稳的还是波动的。

由于折线图显示的是数据随时间的变化趋势，因此它的 x 轴只能是时间，而不是类别。

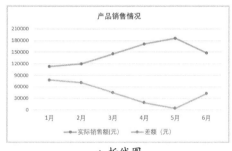

▲ 折线图

比较各项目所占份额的"饼图"和"圆环图"

饼图主要用于显示某个数据系列中各项目所占的份额或组成结构。整个圆饼代表总和，每个数用一个扇形区域来代表。

如果要分析多个数据系列中每个数据占各自数据系列的百分比，可以使用圆环图。

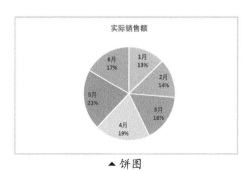

▲ 饼图　　　　　　　　　　　　　　　　▲ 圆环图

表达层级关系和比例构成的"旭日图"

旭日图也称太阳图，其实是一种圆环镶接图，每一个圆环代表了同一级别的比例数据，离原点越近的圆环级别越高，最内层的圆表示最顶级的层次结构。

旭日图看起来与圆环图相似，但其实两者是有区别的。旭日图可以表达清晰的层级和归属关系，适用于展现有父子层级维度的比例构成情况，便于进行溯源分析，帮助用户了解事物的构成情况。

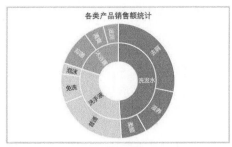

▲ 旭日图

◎ 适合分析关联关系的"散点图"

散点图适于展现两组数据之间的相关性，一组数据作为横坐标，另一组数据作为纵坐标，从而形成数据在坐标系上的位置。通过观察数据点在坐标系上的分布位置，可以分析两组数据之间是否存在关联。

散点图是用于体现数据之间相关性的图表，在数据分析中的"出镜率"也是非常高的。

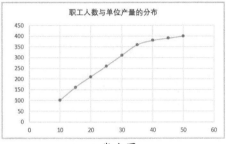

▲ 散点图

◎ 强调数据随时间变化幅度的"面积图"

面积图可以说是折线图的升级版，除了体现项目随时间的变化趋势外，还体现了部分与整体的占比关系。通过面积图读者可以清晰地看到各部分单独的变动，同时也可以看到总体的变化情况，从而进行多维度分析。

由于图形的覆盖关系，底层形状可能被遮挡，此时可以对形状设置不同的透明度。

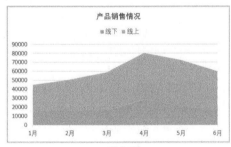

▲ 面积图

◎ 展示频率数据的"直方图"

直方图用来展示数据在不同区间的分布情况。它由一系列宽度相等、高度不等的长方形组成，长方形的宽度表示数据范围的间隔，长方形的高度表示在指定间隔内的数据数值。

它会根据指定的区间自动计算频数并绘制图表，在统计分析中经常会用到。

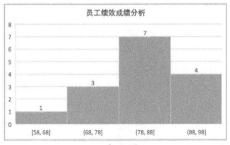

▲ 直方图

● **适合倾向分析和把握重点的"雷达图"**

雷达图用于展示数据系列相对于中心点及彼此数据系列间的变化。每个类别的数据从中心点向外辐射，来源于同一序列的数据用一根线条相连，将多个数据以蜘蛛网的形式展现出来。

雷达图多用于倾向分析和把握重点，也常用于比较实际与逾期数据之间的差距。

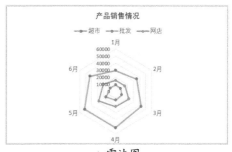

▲ 雷达图

7.1.2) 图表的创建及编辑

虽然 Excel 中的图表类型众多，但是其操作和构成元素都大同小异。下面就介绍一下图表创建及编辑的方法。

1. 创建图表

配 套 资 源		
	第7章 \ 销售额统计图表—原始文件	
	第7章 \ 销售额统计图表—最终效果	

扫码看视频

STEP 01 打开本实例的原始文件，**1**选中区域B2:B6和D2:D6，**2**切换到【插入】选项卡，**3**单击【图表】组右侧的对话框启动器按钮，弹出【插入图表】对话框，**4**在【所有图表】选项卡中可以看到全部图表类型，**5**本案例选择【饼图】，单击【确定】按钮即可。

STEP 02 图表插入完成后，❶切换到【图表工具】的【设计】选项卡，❷单击【图表布局】组中的【快速布局】按钮，❸在弹出的下拉列表中包含了不同图表元素及位置的布局方式，从中选择一种合适的布局方式即可。

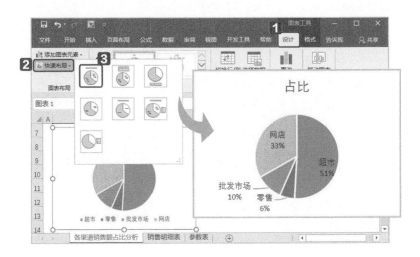

2. 图表元素及添加方法

要想进一步优化图表，首先需要了解图表的组成元素，如下图所示。

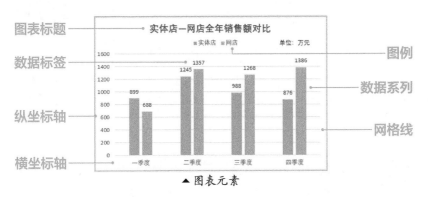

▲ 图表元素

如果想要做出一张赏心悦目的图表，肯定离不开对以上图表元素的设置和修改。

要添加图表元素，先选中图表，然后切换到【图表工具】的【设计】选项卡，在【图表布局】组中单击【添加图表元素】按钮，在下拉列表中选择合适的元素即可添加。

如果要删除图表元素，首先选中某元素，然后按【Delete】键即可。

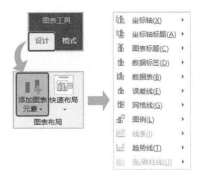

也可以直接选中图表，在图表右侧会浮现出三个操作按钮，分别可以对图表元素、图表样式、图表数据进行快速设置。

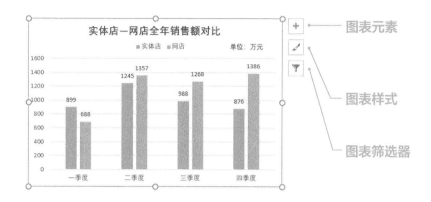

要修改某元素，首先选中该元素（元素四周出现小圆圈表示被选中），然后单击鼠标右键，在弹出的快捷菜单中选择设置某元素格式选项，即可弹出该元素的设置任务窗格，从中可以对该元素进行格式设置。

3. 修改数据系列

配 套 资 源
第7章 \ 销售额统计图表01—原始文件
第7章 \ 销售额统计图表01—最终效果

扫码看视频

如果要删除图表中的某个数据系列，选中数据系列，按【Delete】键即可。增加数据系列的方法很多，快捷的方法就是复制粘贴：选中要添加的数据区域，按【Ctrl】+【C】组合键复制，选中图表，按【Ctrl】+【V】组合键粘贴。

如果要修改数据范围，选中数据系列后，可以看到该系列的数据源会显示彩色的引用框，如下图所示，拖曳边缘的小方块可以调整数据区域的大小。

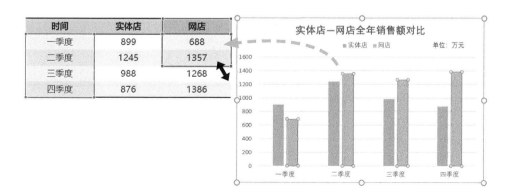

4. 调整坐标轴

用户可以自行设置图表纵坐标轴的间距（即调整坐标轴上的刻度值），但是设置得不合理就会影响图表的数据展示效果，例如间距过小，不美观。

打开【设置坐标轴格式】任务窗格，在【坐标轴选项】组中通过设置【单位】选项中的数值来调整坐标轴的间距。

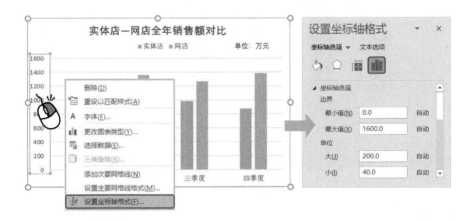

5. 调整数据系列宽度

在柱形图和条形图中，数据系列的宽度是由系列间隙来控制的，间隙越大，数据系列越窄；间隙越小，则数据系列越宽。因此，用户可以通过调整系列间隙来控制图形的宽窄，以美化图表。

打开【设置数据系列格式】任务窗格，在【系列选项】组中可以设置【系列重叠】和【间隙宽度】的数值。

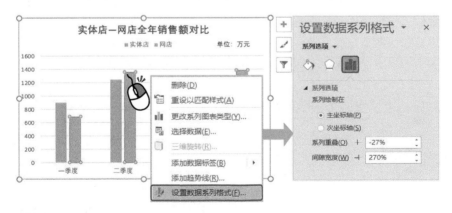

6. 设置数据标签格式

数据标签是图表的一项重要元素，它可以帮助读者更清晰地了解图表中的数值大小和比例关系等。如果标签的位置不合理，会让图表看起来很杂乱。

打开【设置数据标签格式】任务窗格，在【标签选项】组中可以设置标签选项、标签位置和数字格式。

图表中的标签一般都是数字，但是饼图例外，因为饼图的面积有限，而且主要显示项目占比，所以其标签一般只显示为百分比形式。

7. 调整图例的位置和大小

给图表添加图例后，如果对图例的位置不满意，可以直接单击选中图例，将鼠标指针移动到图例边框上，鼠标指针变为可移动状态时，按住鼠标左键拖曳即可。

如果要调整图例的大小，单击选中图例，其边框上会出现 8 个控制点，拖动任意一个控制点即可调整图例的大小。

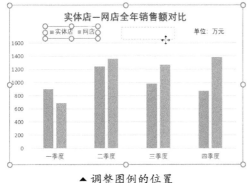

▲ 调整图例的位置

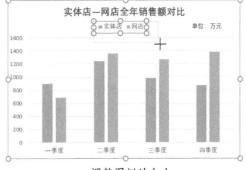

▲ 调整图例的大小

8. 建立双轴复合图表

单一的图表制作比较简单，只要插入图表，选择合适的图表类型，然后对图表元素稍加编辑就可完成。但是单一的图表类型并不能满足数据分析的多样性需求，有时还需要用到组合图表。

什么是组合图表呢？即一张图表中既有柱形图，也有折线图，或是其他更多的图表类型，这样的图表就被称为组合图表。在【插入图表】对话框中，Excel 提供了 3 种类型的组合图，包括【簇状柱形图—折线图】【簇状柱形图—次坐标轴上的折线图】【堆积面积图—簇状柱形图】，如果以上组合还不能满足用户的需求，Excel 还提供了【自定义组合】功能，用户可以自由搭配图表类型，从而组合出需要的图表组合。

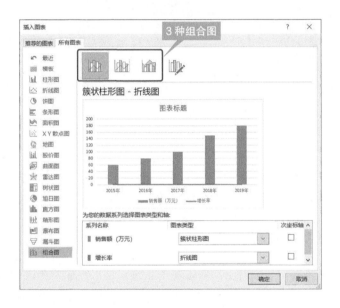

下面以【簇状柱形图—次坐标轴上的折线图】为例，介绍一下组合图表的制作过程。

配 套 资 源
第7章 \ 销售额统计图表02—原始文件
第7章 \ 销售额统计图表02—最终效果

STEP 01 打开本实例的原始文件，**1**选中区域B2:D7，**2**切换到【插入】选项卡，**3**单击【图表】组中的【推荐的图表】按钮，弹出【插入图表】对话框，**4**在【所有图表】选项卡中可以看到全部图表类型，**5**单击【组合图】选项，**6**选中【簇状柱形图—次坐标轴上的折线图】，在窗口中可以看到组合图预览效果，用户也可以切换次坐标轴，这里保持默认设置不变，**7**单击【确定】按钮。

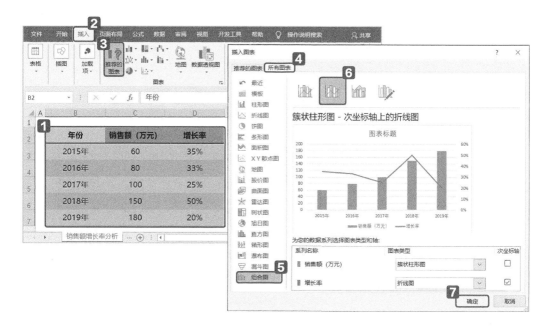

STEP 02 返回工作表，即可看到创建的组合图表了，此时的图表还比较粗糙，用户可以根据需求对其进行进一步美化。

7.1.3 快速美化图表

图表创建完成后，还要对其进行美化。下面介绍一下美化图表的方法。

配 套 资 源
第7章 \ 销售额统计图表03—原始文件
第7章 \ 销售额统计图表03—最终效果

扫码看视频

在【图表工具】→【设计】选项卡→【图表样式】组中内置了多种图表主题配色和外观样式，如下图所示。用户可以根据需求选择合适的图表样式，本案例中由于表格色系为绿色，因此将图表的主题色更改为绿色。

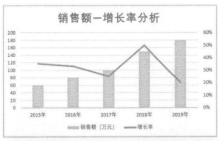
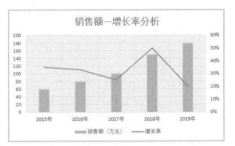
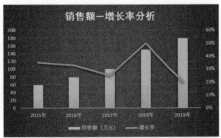

▲ 图表样式中的 4 种样式

7.1.4 突出图表中的重点信息

在制作图表时，经常会需要重点突出某个关键数据，使读者可以一眼看出。突出数据常用的方式是更改某个数据点的填充颜色或者为其添加数据标签。

配 套 资 源
第7章 \ 销售额统计图表04—原始文件
第7章 \ 销售额统计图表04—最终效果

STEP 01 打开本实例的原始文件，❶首先在需要填充颜色的柱体上单击两次鼠标左键将其选中，❷切换到【开始】选项卡，❸单击【字体】组中的【填充颜色】按钮，❹在颜色面板中选择一种合适的颜色，例如【橙色，个性色2,淡色40%】。

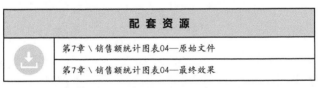
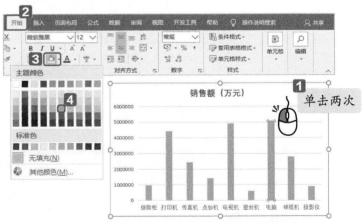

提 示

单击两次鼠标左键的目的是选中"电脑"对应的柱体，第一次单击时会选中所有柱体，第二次单击则只选中"电脑"对应的柱体。

STEP 02 设置完成后柱体仍处于被选中状态，接下来为其添加数据标签。**1**单击图表右侧的【图表元素】按钮，**2**在【图表元素】列表中选择【数据标签】→**3**【数据标签外】即可，最终效果如下图所示。

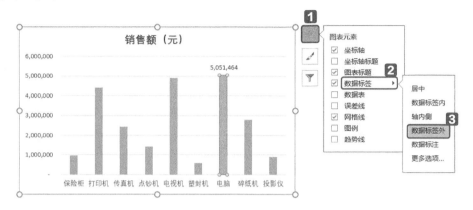

7.1.5 填充创意小图

除了利用颜色进行美化外，数据系列的形状也可以进行美化设置，将单调的图表形状设置为形象的创意小图，可以给人耳目一新的感觉。具体设置过程如下所示。

配 套 资 源
第7章 \ 各部门男女人数分析—原始文件
第7章 \ 各部门男女人数分析—最终效果

扫码看视频

STEP 01 打开本实例的原始文件，本案例中将图表的柱体换成分别代表男、女的小人图片，首先插入两个小人图片。**1**切换到【插入】选项卡，**2**单击【插图】组中的**3**【图标】按钮，弹出【插入图标】对话框，**4**在左侧列表框中选择【人员】选项，然后在右侧选择两个合适的小人图标，**5**单击【插入】按钮。

STEP 02 插入完成后，对两个小人图标的填充颜色进行设置，代表男性的小人填充绿色，代表女性的小人填充橙色。

STEP 03 将两个小人图标复制到图表的数据系列中。选中绿色的小人图标，按【Ctrl】+【C】组合键进行复制，选中图表中男性人数的数据系列，按【Ctrl】+【V】组合键进行粘贴。重复以上步骤，将橙色小人复制到女性人数的数据系列中。

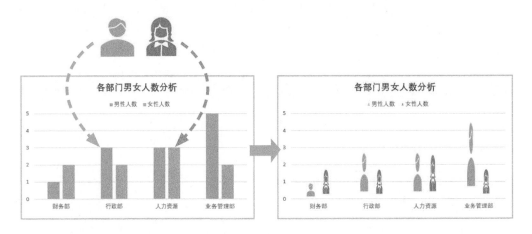

STEP 04 由于默认的填充效果是伸展，所以每个柱体只显示一个图标。**1**在男性人数的数据系列上单击鼠标右键，**2**在弹出的快捷菜单中选择【设置数据系列格式】选项，在弹出的【设置数据系列格式】任务窗格中，**3**将填充效果设置为【层叠并缩放】。

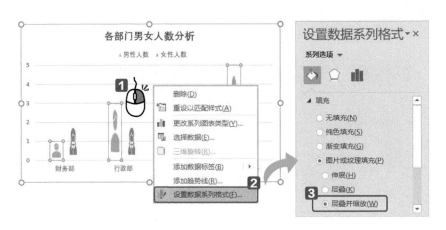

STEP 05 重复上述操作，将女性人数的数据系列的填充效果也设置为【层叠并缩放】。

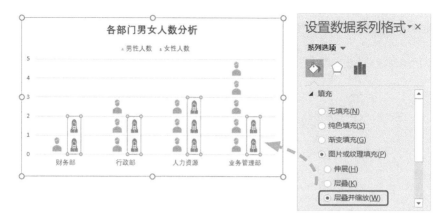

其实改变图表形状的操作很简单，只需要复制粘贴，然后设置填充效果即可。除了 Excel 中自带的小图标，还可以填充本地图片，在【填充】区域中选中【图片或纹理填充】单选钮，单击【插入】按钮，然后单击【插入图片】对话框中的【来自文件】即可。

图表编辑和美化的方法远不止以上这些，在【图表工具】选项卡下可以找到所有的编辑和设计工具。由于篇幅所限，我们只介绍到这里，其他功能读者可以自己慢慢发掘。

7.2 学会制作商务图表

经过前面的学习，相信读者对于基础图表的创建、编辑和美化都可以轻松搞定。但是，如果想在此基础上更进一步，做出不同凡响、具有竞争力的图表，还需要提高图表的专业性。

7.2.1 商务图表长啥样

首先我们来观摩一下专业领域的图表案例。

一些著名的商业杂志或顶尖咨询公司都有专门的图表团队，负责设计、制作或者统一规范图表，这就是他们的图表能如此专业的原因。以著名杂志《经济学人》为例，它的图表就一直被各界商业精英所推崇，下面来看一下他们的图表究竟专业在哪里。

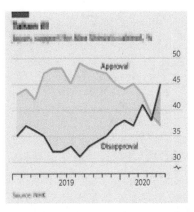 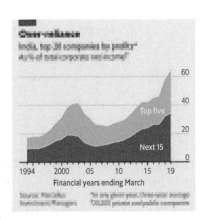

▲《经济学人》杂志图表

以上案例全部来自《经济学人》，通过分析我们可以知道专业的商务图表至少具有以下特点。

(1) 图表类型简单。一眼看去，使用的都是最基本的图表类型，读者一看就能明白其中的含义，不需要做过多的解释。

(2) 观点明确。图表的主、副标题都很清楚地陈述了观点，不需要读者去猜测作者的意思，这样就确保了信息传递的准确性。

(3) 排版严谨规范。排版上没有采用传统的居中对齐方式，而是采用了左对齐的方式，符合从左到右、从上到下的阅读习惯；左上角都有一个红色色块特殊标志；纵坐标轴基本在右侧；图例能省则省，不能省就靠近数据系列标注，既方便阅读，又节省空间。

(4) 颜色规范。使用浅水蓝色作为图表区的背景色，网格线用浅灰色，弱化了背景，数据系列都用蓝色系，二者既相互区别又相互衬托。整个蓝色系给人一种专业的感觉。

(5) 字体规范。专业的商务图表都有专门的字体，不过，考虑到在不同电脑上显示的问题，我们建议使用比较通用的 Arial 或者微软雅黑等字体。

(6) 注重细节。横坐标轴的年份都采用了简写，节省空间的同时也美观；图表的底部都标注了数据来源，这也是商务图表专业性的重要体现。

7.2.2　制作商务图表

通过以上分析我们会发现，商务图表的制作并不难，只要熟悉 Excel 图表功能，对照商业图表的范例，对图表元素进行格式化设置，基本上都可以做出来。当然，对图表格式化的设计技巧需要长期的积累。

要想提高图表制作的效率，Excel 联机模板也是个不错的选择，其中大部分图表已经制作得很专业了，只要从中选择合适的图表，然后稍加调整就能够完成图表制作。这样可以节省百分之八九十的时间，比起从零开始，效率要高得多。

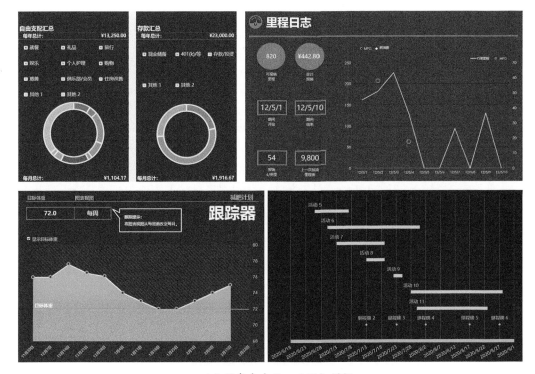

▲ 以上图表来自 Excel 联机模板

商业图表上还有一些特殊效果，需要使用一些技巧来实现。有大量的思路、方法和技巧可以实现经济学人图表的各种特殊样式和特征，下面简单介绍几种常用技巧。

1. 添加监测线

有时为了监测一定范围内的数据，可以给图表添加一条或多条监测线，例如上限值、下限值、平均值等。下面就以制作平均值监测线为例，介绍一下具体操作方法。

配 套 资 源
第7章 \ 销售额统计图表05——原始文件
第7章 \ 销售额统计图表05——最终效果

扫码看视频

STEP 01 打开本实例的原始文件，在数据区域右侧添加一列平均值数据。

产品名称	销售额（元）
保险柜	977,132
打印机	4,413,360
传真机	2,437,032
点钞机	1,421,316
电视机	4,919,661
塑封机	589,144
电脑	5,051,464
碎纸机	2,786,001
投影仪	895,852

产品名称	销售额（元）	平均销售额（元）
保险柜	977,132	2,610,107
打印机	4,413,360	2,610,107
传真机	2,437,032	2,610,107
点钞机	1,421,316	2,610,107
电视机	4,919,661	2,610,107
塑封机	589,144	2,610,107
电脑	5,051,464	2,610,107
碎纸机	2,786,001	2,610,107
投影仪	895,852	2,610,107

STEP 02 ❶将平均销售额数据复制到图表中，❷选中图表中的平均销售额数据系列，单击鼠标右键，❸在弹出的快捷菜单中选择【更改系列图表类型】选项，弹出【更改图表类型】对话框，❹将【平均销售额（元）】的图表类型更改为【折线图】，❺单击【确定】按钮。

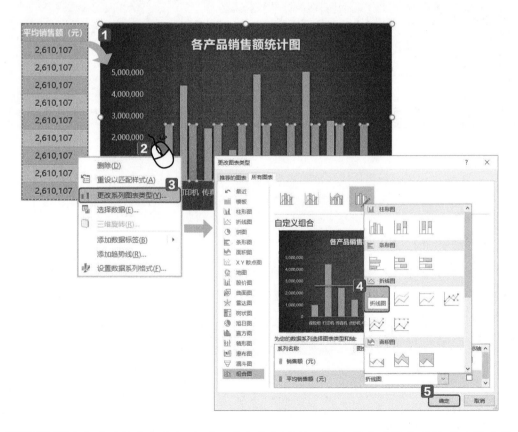

STEP 03 ❶选中平均销售额数据系列，单击鼠标右键，❷在弹出的快捷菜单中选择【设置数据系列格式】选项，在【设置数据系列格式】任务窗格中，❸将【轮廓颜色】设置为【橙色,个性色2,淡色40%】，❹将【短划线类型】设置为【短划线】。

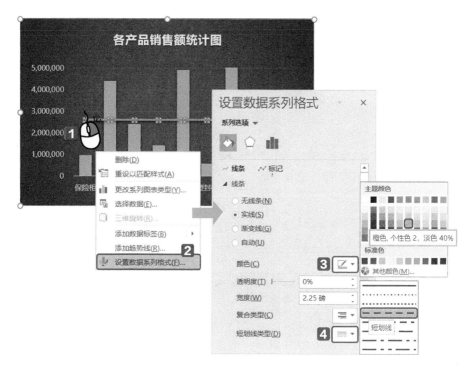

STEP 04 设置完成后，选中该数据系列最右侧的数据点，添加数据标签，并设置字体格式为微软雅黑、10号、白色，最终效果如下图所示。

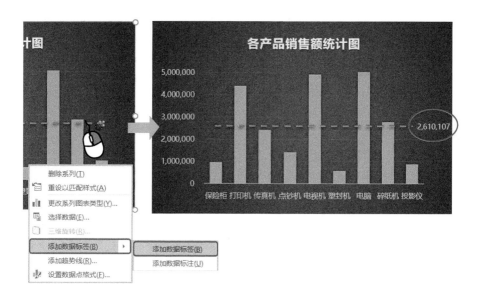

2. 百分比圆环图

文不如表，表不如图。也就是说能够用表格来展示的就不要用文字，能够用图来展示的就不要用表格。因此，无论是在传递信息还是做报告时，哪怕只是一个简单的百分比数字，能够用图表时也要尽量用图表。如下图所示，在展示各项目完成率数据时，如果只是用表格数据来展示，就不是很直观，但是配合上图表就显得很专业了。

上图中的图表看起来像是圆环图，但是又不是普通的圆环图，因为其不同部分圆环的粗细不同。它们究竟是怎么做出来的呢？下面演示一下具体的操作步骤。

配 套 资 源
第7章 \ 百分比圆环图—原始文件
第7章 \ 百分比圆环图—最终效果

STEP 01 打开本实例的原始文件，增加辅助列。首先在预算完成率列的右侧增加一个辅助列，计算公式为 "=1-预算完成率"，结果如下图所示。

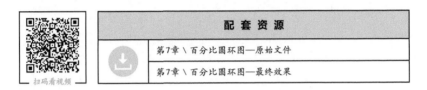

STEP 02 插入两个圆环图。❶选中"收入"行右侧的两个单元格，❷切换到【插入】选项卡，❸单击【图表】组中的【插入饼图或圆环图】按钮，❹在下拉列表中选择【圆环图】选项。

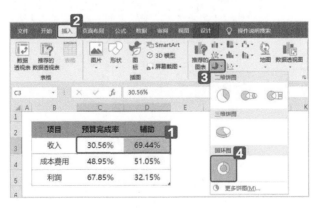

STEP 03 复制圆环图并设置颜色。①选中插入的圆环图，按【Ctrl】+【C】组合键进行复制，②再按【Ctrl】+【V】组合键进行粘贴，然后选中整个图表，③切换到【图表工具】的【设计】选项卡，④单击【图表样式】组中的【更改颜色】按钮，⑤选择一种合适的颜色。

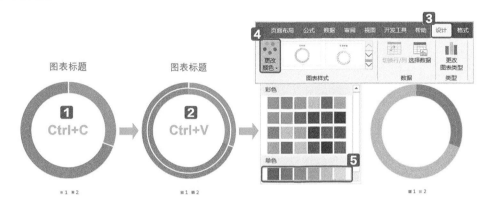

STEP 04 将两个圆环都设置为无轮廓。①选中其中一个圆环，切换到【图表工具】的【格式】选项卡，②单击【形状样式】组中的③【形状轮廓】按钮，④在下拉列表中选择【无轮廓】。然后选中另一个圆环，重复上述操作，也将其设置为无轮廓。

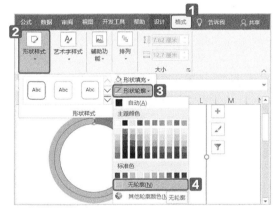

STEP 05 添加次坐标轴，使两个圆环重合。键，②在弹出的快捷菜单中选择【更改系列图表类型】选项，弹出【更改图表类型】对话框，③勾选任意一个数据系列的【次坐标轴】复选框，④单击【确定】按钮。

①选中其中一个圆环，在圆环上单击鼠标右

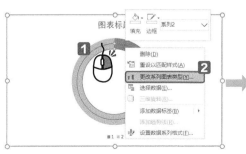

STEP 06 设置上层圆环的大小。 **1** 选中上层圆环，单击鼠标右键，**2** 在弹出的快捷菜单中选择【设置数据系列格式】选项，弹出【设置数据系列格式】任务窗格，**3** 将【圆环图圆环大小】的数值调小，本案例将其调整为55%，目的是将圆环变粗。

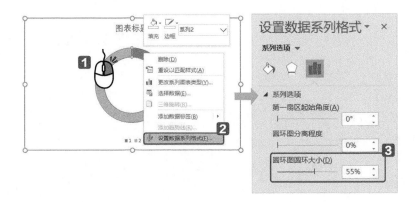

STEP 07 将上层圆环的浅色部分设置为透明。 **1** 选中上层圆环的浅色部分，切换到【图表工具】的【格式】选项卡，**2** 单击【形状样式】组中的 **3**【形状填充】按钮，**4** 在下拉列表中选择【无填充】。

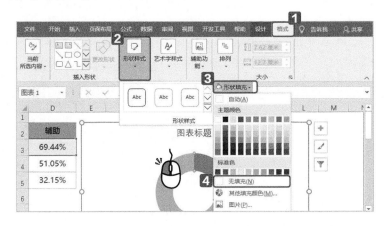

STEP 08 图形部分设置完成了，接下来修改图表标题。将图例删除，然后插入文本框，在编辑栏中输入百分比数值（可以直接用公式引用），最后将整个图表区设置为无填充、无轮廓，最终效果如下图所示。成本费用和利润预算完成率的图表制作与之相同，这里不赘述。

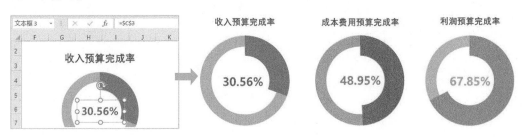

3. 指针仪表盘

商务图表中还有一种比较常见的图表形式，就是指针仪表盘，它是通过仪表盘的指针位置来展示百分比数值的，如右图所示。

这种图表看起来比较复杂，且在 Excel 自带的图表类型里也没有，但实际上并不难制作，它只是普通的圆环图和饼图的组合而已，下面就介绍一下具体的制作方法。

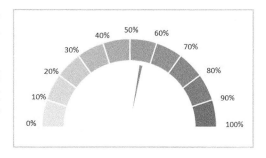

配 套 资 源
第7章 \ 指针仪表盘—原始文件
第7章 \ 指针仪表盘—最终效果

扫码看视频

STEP 01 制作外部仪表盘，即圆环图。打开本实例的原始文件，**1**首先设置数据区域，将圆环分成两部分，由于整个圆环是360°，一半就占180°，剩余的一半再均分成10份，一份就占18°，数据区域如下面左图所示。**2**选中该数据区域，切换到【插入】选项卡，**3**单击【图表】组中的【插入饼图或圆环图】按钮，**4**在下拉列表中选择【圆环图】。

STEP 02 设置圆环图起始角度。在设置之前，将标题和图例删除。**1**在圆环上单击鼠标右键，**2**在弹出的快捷菜单中选择【设置数据系列格式】选项，**3**在【设置数据系列格式】任务窗格中将【第一扇区起始角度】设置为270°。

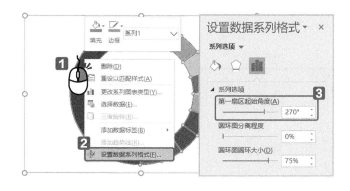

STEP 03 设置圆环图颜色。 ❶选中圆环，切换到【设计】选项卡，❷单击【图表样式】组中的【更改颜色】按钮，❸在下拉列表中选择一种合适的颜色。

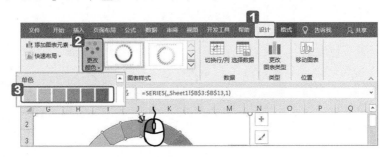

STEP 04 ❶选中位于底部的二分之一圆环，切换到【格式】选项卡，❷单击【形状样式】组中的❸【形状填充】按钮，❹在下拉列表中选择【无填充】。

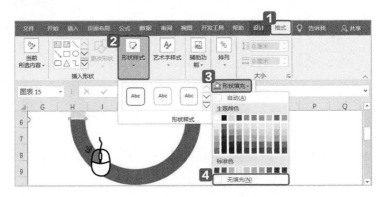

STEP 05 为仪表盘添加刻度。插入11个文本框，直接在文本框中输入0%~100%的数值，间隔为10%。最后调整好文本框的位置即可。

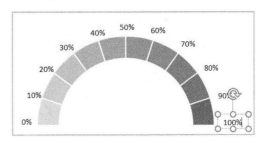

STEP 06 设置饼图数据区域。❶由于本案例要展示的数据是56%，因此将饼图分为3部分，即3个扇形。❷若设置第2个扇形，即指针大小为4，❸则第1个扇形的大小为"=56%×180-2"，即98.8，❹第3个扇形的大小为"=360-98.8-4"，即257.2。

STEP 07 ❶选中指针位置下的数据区域，切换到【插入】选项卡，❷单击【图表】组中的【插入饼图或圆环图】按钮，❸在下拉列表中选择【饼图】。

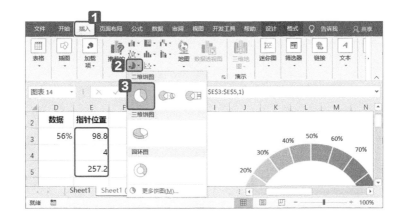

STEP 08 设置饼图起始角度。 **1** 在饼图上单击鼠标右键，**2** 在弹出的快捷菜单中选择【设置数据系列格式】选项，**3** 在【设置数据系列格式】任务窗格中将【第一扇区起始角度】设置为270°。

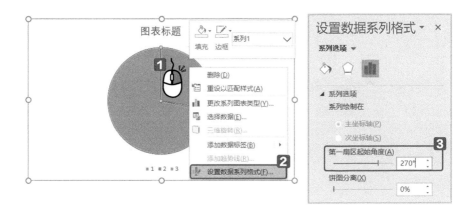

STEP 09 将饼图的标题和图例删除，将指针以外的两个扇形设置为【无填充】，将饼图的整个图表区也设置为【无填充】【无轮廓】，移动饼图到合适的位置，最终效果如下图所示。

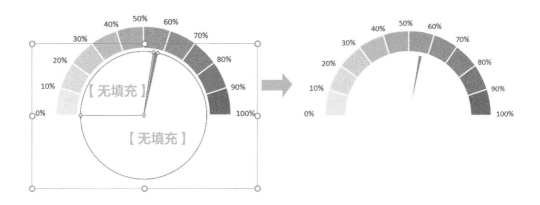

通过以上两个案例的学习，就会发现商务图表也并不难制作。其实只要掌握了基本的图表编辑方法，再稍微动点心思，你也可以做出精美的商务图表。

7.3 各部门费用汇总分析

说起汇总计算，很多人首先想到的 Excel 功能就是公式函数。公式函数的确是 Excel 中非常强大的计算工具，但是，本节要介绍的是另一个比公式函数简单得多的综合性分析工具——数据透视表。在数据透视表中，只要轻轻拖曳几下鼠标，就能完成大量数据的汇总分析，下面就介绍一下具体方法。

7.3.1 认识数据透视表

下面是一张各部门日常费用明细表，共有 400 多条数据记录（图中只显示了 2 行数据），如果在汇总分析时使用公式函数来计算，就需要写很长的公式，既浪费时间，还容易出错。

接下来就以创建数据透视表为例，介绍一下数据透视表的结构及汇总方式。

1. 创建数据透视表

配 套 资 源
第7章 \ 各部门日常费用统计表—原始文件
第7章 \ 各部门日常费用统计表—最终效果

STEP 01 打开本实例的原始文件，1 选中数据区域的任意一个单元格，如C2，2 切换到【插入】选项卡，3 单击【表格】组中的 4 【数据透视表】按钮。

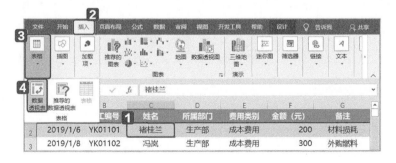

STEP 02 弹出【创建数据透视表】对话框，Excel会自动将整个数据区域识别为数据源，并且默认放置数据透视表的位置是【新工作表】，单击【确定】按钮，即可在新工作表中生成数据透视表区域，如下图所示。

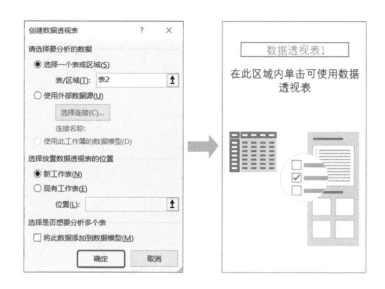

2. 数据透视表字段任务窗格

数据透视表区域生成后，单击区域的任意位置，就会弹出【数据透视表字段】任务窗格。用鼠标左键按住窗口的顶部拖曳，就可以变换窗口位置；将鼠标指针移动到任务窗格的边缘，可以调整其大小。

数据透视表创建过程中最重要的步骤就是将【数据透视表字段】任务窗格中的字段列表中的字段拖曳到分类区域和汇总区域中，各区域的位置如下图所示。

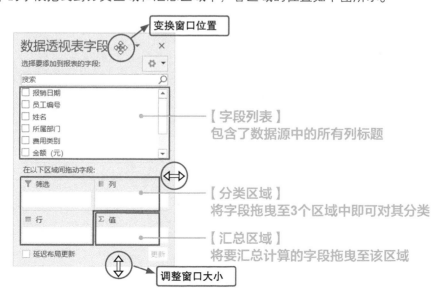

例如本案例中，需要汇总各部门的费用总金额，首先来分析一下问题，分类字段是【所属部门】，汇总字段是【金额（元）】，因此需要将【所属部门】拖曳至分类区域，将【金额（元）】拖曳至汇总区域，具体操作步骤如下。

STEP **1**选中字段列表中的【所属部门】，按住鼠标左键不动，将其拖曳至【行】字段（或【列】字段）区域并释放鼠标。**2**然后选中字段列表中的【金额（元）】，按住鼠标左键不动，将其拖曳至【值】字段区域并释放鼠标。通过两次拖曳即可按部门对金额进行分类汇总。

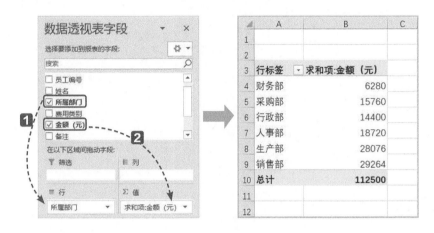

在上述操作中，也可以将分类字段拖曳至【列】字段区域，只是这样汇总表会变成横向的，如下图所示，看起来既不符合阅读习惯，也不美观。因此，当分类字段只有一个时，建议将其放在【行】字段位置。

如果将分类字段拖曳至【筛选】位置，就可以通过筛选器对汇总数据进行筛选，例如右图就是按费用类别对汇总数据进行筛选的结果。

通常只有在进行多维度的汇总分析时才会用到筛选器。在一般情况下，使用【行】区域或【列】区域就足够了。

3. 值字段设置

● 设置值字段的汇总方式

在对【值】字段进行汇总时，默认的汇总方式是求和，但是用户也可以根据自身需求，重新设置值字段的汇总方式。

STEP **1**选中【值】字段的任意一个单元格，单击鼠标右键，**2**在弹出的快捷菜单中选择【值字段设置】选项，弹出【值字段设置】对话框，**3**在【值汇总方式】选项卡下可以选择需要的计算类型，**4**本例选择【求和】，**5**完成后单击【确定】按钮。

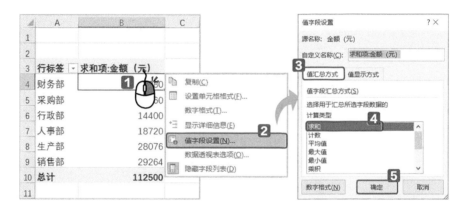

● 设置值字段的数字格式

【值】字段的数字格式也可以根据用户需求来设置，同样是在【值字段设置】对话框中完成。

STEP 打开【值字段设置】对话框后，**1**单击【数字格式】按钮，弹出【设置单元格格式】对话框，**2**将【数值】的【小数位数】设置为0，**3**勾选【使用千位分隔符】复选框，**4**设置完成后单击【确定】按钮即可。

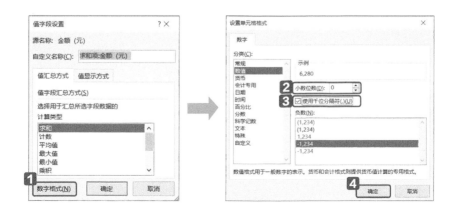

提示

有时会出现【数据透视表字段】不见了的情况，可能原因有二：一是没有选中数据透视表区域中的单元格；二是关闭了【数据透视表字段】任务窗格。

解决办法：首先选中数据透视表区域中的任意一个单元格，看是否弹出【数据透视表字段】任务窗格；如果是第二种情况，切换到【数据透视表工具】的【分析】选项卡，单击【显示】组中的【字段列表】按钮，就可以打开【数据透视表字段】任务窗格了。

7.3.2 数据透视表的布局和美化

通过鼠标拖曳完成的数据透视表还是比较粗糙的，有时需要进一步布局和美化。调整数据透视表的布局和美化功能基本都在【设计】选项卡下，下面介绍一下具体办法。

配 套 资 源
第7章 \ 各部门日常费用统计表01—原始文件
第7章 \ 各部门日常费用统计表01—最终效果

扫码看视频

1. 修改布局

● 分类汇总

STEP 1选中数据透视表的任意一个单元格，切换到【数据透视表工具】的【设计】选项卡，2单击【布局】组中的【分类汇总】按钮，3在弹出的下拉列表中选择需要的分类汇总选项，这里选择【在组的底部显示所有分类汇总】，效果如下图所示。

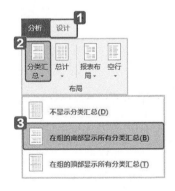

总计

STEP **1** 单击【布局】组中的【总计】按钮，**2** 在弹出的下拉列表中选择需要的总计位置，默认的是【仅对列启用】，这里选择【对行和列禁用】，效果如下图所示。

报表布局

STEP 01 **1** 单击【布局】组中的【报表布局】按钮，**2** 在弹出的下拉列表中选择需要的报表布局形式，默认的是【以压缩形式显示】，不同的分类字段被安排在一列中，而明细表中两个字段是分列的，这里选择【以表格形式显示】，效果如下图所示。

STEP 02 可以看到以表格形式显示后，增加了分类汇总项，首先将其取消，**1** 单击【布局】组中的【分类汇总】按钮，**2** 在弹出的下拉列表中选择【不显示分类汇总】选项。再将空白单元格填补上所有分类标签，**3** 单击【布局】组中的【报表布局】按钮，**4** 在弹出的下拉列表中选择【重复所有项目标签】选项，效果如下页图所示。

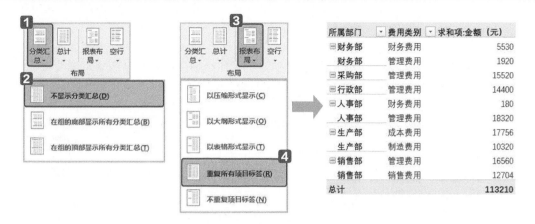

调整数据透视表的布局后，表格看起来规范多了，但仍与普通表格不同，我们继续来调整。

2. 修改标题、折叠按钮

数据透视表中的字段名称和数据标签都是可以修改的，选中单元格，在编辑栏中直接修改即可，只是要注意一点，修改后的字段名称不能与数据源中的字段名称相同。本案例中修改值字段的标题，具体操作如下。

STEP 01 ①选中单元格C3，②在编辑栏中将"求和项："删除，按【Enter】键后会弹出下图所示的提示框，③此时可以在"金额（元）"的后面加一个空格，与数据源中的标题进行区分，由于是汇总报表，所以添加空格后不会影响数据的汇总计算。当然也可以稍微变动一下，将"金额（元）"改成"总金额（元）"或"费用总额（元）"等其他标题名称。

▲ 修改后的标题与数据源中的标题重复　　▲ 在标题名称后添加一个空格

在数据透视表中，如果有多级分类字段的话，在上级字段的左侧就会出现折叠按钮，如果在展示数据时不想显示折叠按钮，只要一步就可以实现，具体操作如下。

STEP 02 ①选中数据透视表的任意一个单元格，②切换到【分析】选项卡，③单击【显示】组中的④【+/-按钮】，操作完成后折叠按钮就被取消了，如下页图所示。

3. 套用数据透视表样式

Excel 中内置了很多数据透视表样式，直接套用就可以快速调整数据透视表的外观。在设置之前也可以根据表格实际情况来确定是否突出行标题和列标题，这在【数据透视表样式选项】组中可以设置，具体操作步骤如下。

STEP ①选中数据透视表的任意一个单元格，②切换到【设计】选项卡，③取消勾选【数据透视表样式选项】组中的【行标题】复选框，④单击【数据透视表样式】的下拉按钮，⑤在弹出的数据透视表样式列表框中选择一种合适的样式即可。

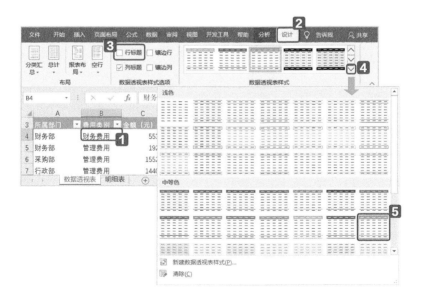

样式应用完成后，还需进一步设置文字的对齐方式。对齐方式的设置在【开始】选项卡下即可完成，这里不再介绍。

数据透视表的功能并不仅限于按字段分类汇总，多角度分析数据，它可是"全能选手"，接下来我们就从其他几个方面来认识一下数据透视表。

7.3.3 数据透视表的其他技能

1. 一表拆分成多表

虽然数据透视表是动态的，可以随时通过单击或鼠标拖曳实现不同报表内容的切换，但是有时还是需要按某个字段将报表分成多页，以便进行对比分析或打印输出等。例如按季度生成各部门的费用报表，具体操作步骤如下。

配 套 资 源
第7章 \ 各部门日常费用统计表02—原始文件
第7章 \ 各部门日常费用统计表02—最终效果

STEP 打开本实例的原始文件，**1**将拆分字段即【季度】拖入筛选区域，**2**切换到【数据透视表工具】的【分析】选项卡，**3**单击【数据透视表】组中**4**【选项】右侧的下拉按钮，**5**在弹出的下拉列表中选择【显示报表筛选页】选项，弹出【显示报表筛选页】对话框，默认的筛选字段是【季度】，**6**单击【确定】按钮。操作完成后，即可在工作簿中按季度生成4张分报表，如下图所示。

2. 多表合并为一表

数据透视表也可以将多张表格合并，该操作需要用到【数据透视表和数据透视图向导】，它位于快速访问工具栏中，如右图所示。

如果向导在快速访问工具栏中没有显示，则需要将其调出来，具体操作如下。

STEP 启动Excel，通过【文件】→【选项】，打开【Excel选项】对话框。❶切换到【快速访问工具栏】选项卡，❷在【从下列位置选择命令】下拉列表中选择【所有命令】选项，❸然后在其下面的列表框中选择【数据透视表和数据透视图向导】选项，❹单击【添加】按钮，即可将其添加到右侧的【自定义快速访问工具栏】列表框中，❺单击【确定】按钮，即可将【数据透视表和数据透视图向导】添加到快速访问工具栏中。

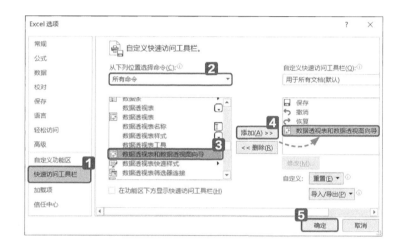

接下来就可以使用【数据透视表和数据透视图向导】合并多表为一表了，具体步骤如下。

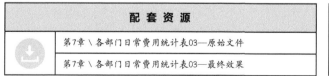

配 套 资 源
第7章 \ 各部门日常费用统计表03—原始文件
第7章 \ 各部门日常费用统计表03—最终效果

扫码看视频

STEP 01 打开本实例的原始文件，❶单击快速访问工具栏中的【数据透视表和数据透视图向导】按钮，弹出【数据透视表和数据透视图向导—步骤1（共3步）】对话框，❷选择【多重合并计算数据区域】，报表类型默认为【数据透视表】，保持默认选项，❸单击【下一步】按钮，弹出【数据透视表和数据透视图向导—步骤2a（共3步）】对话框，❹选择【自定义页字段】，❺单击【下一步】按钮。

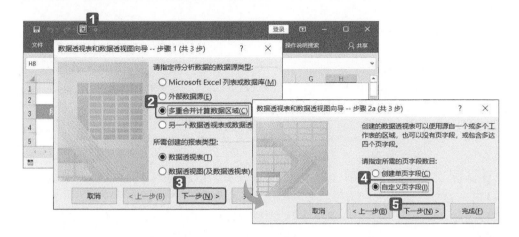

STEP 02 弹出【数据透视表和数据透视图向导—第2b步（共3步）】对话框，■1添加数据区域，首先选中一季度表中的数据区域，■2单击【添加】按钮，■3在【请先指定要建立在数据透视表中的页字段数目】中选择【1】，■4在【字段1】文本框中输入"一季度"。■5完成后重复上述操作，将另外三张表中的数据区域添加进来，并在【字段1】中依次输入标签"二季度""三季度""四季度"。■6最后单击【下一步】按钮。

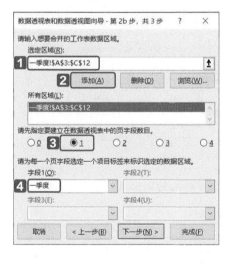
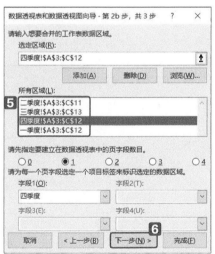

STEP 03 弹出【数据透视表和数据透视图向导—步骤3（共3步）】对话框，■1选择【新工作表】，■2单击【完成】按钮。

STEP 04 汇总后的表格如右图所示（报表布局选择以表格形式显示），默认采用的汇总方式是【计数】，可以根据需求修改值区域的汇总方式。

3. 利用组合功能，按季度汇总数据

在源数据表中，通常会以日或订单号为单位来记录数据。在分析数据时，需要首先按日期或数值分段，然后进行对比分析，这是比较常用的分析方式。

数据透视表中提供了【组合】功能，无论是日期还是数值，都可以按指定步长来分组汇总。下面就以组合日期为例，介绍一下具体操作方法。

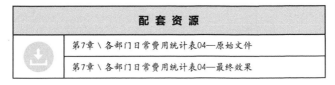

配 套 资 源	
	第7章 \ 各部门日常费用统计表04—原始文件
	第7章 \ 各部门日常费用统计表04—最终效果

扫码看视频

STEP 01 打开本实例的原始文件，可以看到数据透视表的行标题是【月】，这是将【报销日期】拖曳至行区域后自动生成的，❶在数据透视表的任意一个月份标题上单击鼠标右键，❷在弹出的快捷菜单中选择【组合】选项，弹出【组合】对话框，❸在【步长】列表框中选择【季度】，❹单击【确定】按钮。

STEP 02 按季度组合完成后，效果如右图所示。

金额（元）	所属部门					
报销日期	财务部	采购部	行政部	人事部	生产部	销售部
第一季	2060	3940	3600	4680	7019	7316
第二季	1570	3940	3600	4680	6819	7316
第三季	2100	3700	3600	4460	6619	7316
第四季	1720	3940	3600	4680	7619	7316
总计	7450	15520	14400	18500	28076	29264

按数值组合的操作与按日期组合的操作相同，只要在需要组合的标题单元格上单击鼠标右键，打开【组合】对话框，设置好需要的步长值即可。

4. 插入切片器，随意筛选数据

如果想在数据透视表中筛选数据，可以将筛选字段放入筛选区域中，但是这种方式只能通过下拉列表来选择，并且当筛选字段有多个时，选择起来很不方便。使用数据透视表新增的【切片器】功能就可以大大提高筛选的效率，下面就介绍一下切片器的具体使用方法。

	配 套 资 源
	第7章 \ 各部门日常费用统计表05—原始文件
	第7章 \ 各部门日常费用统计表05—最终效果

STEP 01 打开本实例的原始文件，❶选中数据透视表的任意一个单元格，例如B5，❷切换到【数据透视表工具】的【分析】选项卡，❸单击【筛选】组中的【插入切片器】按钮，弹出【插入切片器】对话框，列明了数据源中的所有字段，❹勾选需要筛选的字段，可以选择多个，本案例中选择【费用类别】字段，❺单击【确定】按钮。

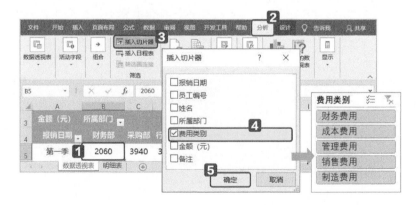

STEP 02 选中切片器，在功能区的右上角会显示【切片器工具选项】，切换到【选项】选项卡，在这里可以❶设置切片器的样式，❷利用【选择窗格】显示或隐藏切片器，❸设置按钮的大小或列数，❹精确调整切片器的高度和宽度，❺选中切片器，当鼠标指针变成"十"字箭头形状时，还可以移动切片器的位置。

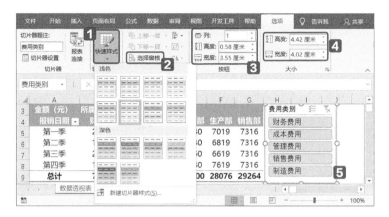

STEP 03 设置完成后，单击切片器中的按钮，即可对数据透视表进行筛选了。例如，要查看成本费用的各季度明细，可以单击筛选器中的【成本费用】项，透视表中即只显示与成本费用相关的数据（本案例中只有生产部有成本费用）。如果要清除筛选，只要单击切片器右上角的【清除筛选器】按钮即可清除该切片器中的全部筛选。

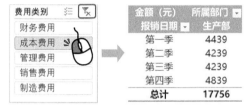

高手秘技

在图表中设置负值

在制作图表时经常会碰到某些数据标签是负值的情况，这时可以将负值显示为红色，高于 2000 的数值显示为绿色。具体操作请扫码观看视频。

配 套 资 源
第7章 \ 月收入消费情况—原始文件
第7章 \ 月收入消费情况—最终效果

扫码看视频

拖曳数据项对数据透视表排序

在数据透视表中对数据进行排序的方法很多，只要单击标题右侧的排序按钮即可选择需要的排序方式。如果想对个别项目的位置进行调整，手动拖曳则是最合适的方法。具体操作请扫码观看视频。

配 套 资 源
第7章 \ 产品销售完成率01—原始文件
第7章 \ 产品销售完成率01—最终效果

扫码看视频

第 8 章

不可不知的 Excel 常用函数

函数公式存在于数据处理与分析的每一个阶段，它既能完成复杂的计算分析，又能在现有数据的基础上通过特定的规则计算生成新的数据。

想要提高效率，学好函数公式就对了！

关于本章知识，本书配套教学资源中有相关的素材文件及教学视频，读者也可以扫描书中的二维码进行学习。

8.1 函数公式很简单

很多人看到 Excel 高手用函数轻松搞定了很多数据计算，自己也想学习函数，但是又心生畏惧。其实，函数公式并不难学，只要掌握了函数的原理、语法和注意事项，尤其是掌握了解决问题的逻辑思路，就可以在工作中加以轻松运用。

接下来就从函数公式的基础知识开始介绍，只有基础牢固了，使用具体函数时才能更加游刃有余。

8.1.1 认识公式与函数

1. 什么是公式

公式是以"="开头，按照一定的计算规则自动计算出结果的表达式。公式中可以包含数值、运算符、单元格引用，也可以包含函数。

例如右图中的四个公式，分别包含了数值、运算符、单元格引用和函数。

	A	B
1	结果	公式
2	100	=100
3	300	=100+200
4	400	=A2+A3
5	800	=SUM(A2:A4)

2. 什么是函数

函数是 Excel 内部预定义的功能，按照特定的规则进行计算，用户只要按照功能输入对应的参数，即可得到返回值。函数也可以说是特殊的公式或者更高级的公式。上面右侧图中的最后一个公式就使用了求和函数 SUM。

Excel 中包含了 400 多个函数，但是在日常工作中经常用到的也就三四十个，熟练应用这些函数，可以解决工作中的大部分问题。

8.1.2 函数知识先知晓

在学习具体的函数之前，先来学习一下函数的基础知识。

1. 函数的语法结构

每个函数都有自己的语法结构，包含函数名称和参数两大部分。例如，SUM 函数的语法结构如右图所示。

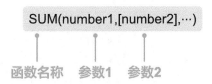

掌握每个函数的参数用法是正确使用函数的基础。每个函数可能有一至多个参数，也可能没有参数，例如"=TODAY()"返回的就是当前的日期；"=SUM(A1,A2)"返回的是 A1 与 A2 单元格中数值的和；"=IF(A2>80," 合格 "," 不合格 ")"表示当 A2 单元格中的数值大于 80 时，返回"合格"，否则返回"不合格"。每个函数的参数都有不同的含义，对此后面在介绍具体函数时会详细介绍。

2. 参数中的运算符号

在函数参数中，所有的运算符号都必须是英文半角符号，否则就会出现计算错误。以下是几种常见的符号。

符号	符号作用	示例	示例解释
逗号	分隔多个参数	=SUM(A1,A2)	返回 A1 与 A2 单元格中数值的和
冒号	用来引用区域	=SUM(A1:A2)	返回 A1 到 A2 单元格区域中数值的和
叹号	用来引用其他工作表中的数据	=SUM(Sheet1!A1:A2)	返回 Sheet1 的 A1 到 A2 单元格区域中数值的和
双引号	用来表示文本	=IF(A2>80," 合格 "," 不合格 ")	当 A2 大于 80 时，返回"合格"，否则返回"不合格"

注意，在公式中引用位置时，都可以使用鼠标来选择，而无须手动输入。

3. 引用方式

在公式中引用位置的好处是：当引用的单元格中数据发生变化时，公式的计算结果就会自动更新，而不用重新编写公式。引用方式分为 3 种：相对引用、绝对引用和混合引用。

◉ 相对引用

相对引用就是在公式中用列标和行号直接表示单元格，例如 B2、B3 等。当某个单元格的公式被复制到另一个单元格时，原单元格中公式的地址在新单元格中就会发生变化。例如在单元格 B5 中输入公式 "=SUM(B2:B4)"，当单元格 B5 中的公式复制到 C5 后，公式就会变成 "=SUM(C2:C4)"，如下图所示。

绝对引用

绝对引用就是在表示单元格的列标和行号前面加上 "$" 符号。其特点是在将单元格中的公式复制到新的单元格时，公式中引用的单元格地址始终保持不变。例如，在单元格 B5 中输入公式 "=SUM($B$2:$B$4)"，当单元格 B5 中的公式被复制到 C5 后，公式依然是 "=SUM($B$2:$B$4)"，如下图所示。

混合引用

混合引用包括绝对列和相对行，或者绝对行和相对列，例如 $A1、$B1、A$1、B$1 等。在公式中如果采用混合引用，当公式所在的单元格位置改变时，绝对引用不变，相对引用将相应改变位置。例如在单元格 B5 中输入公式 "=SUM(B$2:B$4)"，那么将单元格 B5 复制到 C5 时，公式就会变成 "=SUM(C$2:C$4)"，如下图所示。

> **提示**
>
> 如何快速在各种引用方式之间进行转换呢？
>
> 　【F4】键是转换引用方式的快捷键。连续按【F4】键，就会按着相对引用→绝对引用→绝对行 / 相对列→绝对列 / 相对行→相对引用这样的顺序循环转换。
>
> 　在利用公式进行计算时，如果要复制公式，一定要注意单元格的引用位置是否随着公式的移动发生变化，也就是要注意引用方式的变化。因此，合理使用引用方式，可以在复制公式时事半功倍。

4. 函数的输入方法

◎ 公式记忆式输入

　　Excel 的"记忆力"特别好，只要你在单元格中输入等号"="和函数的前一两个字母，就会出现与这些字母有关的所有函数，如下图所示，这时只要在需要的函数上双击选择即可。

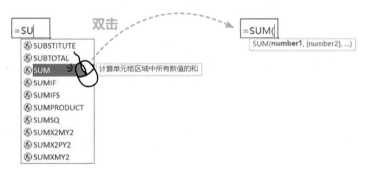

◎ 函数对话框输入

　　切换到【公式】选项卡，在【函数库】组中选择需要的函数，在【函数参数】对话框中设置好各个参数，单击【确定】按钮即可。例如下图所示为 SUM 函数的参数对话框。

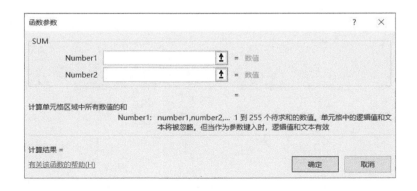

8.2 多种求和巧应对

简单求和如何快速完成？如何按姓名、产品名称或其他条件求和？如何先求乘积再求和？如何使用一个函数完成员工绩效总分的计算？本节来讲述如何轻松应对各种求和方式。

8.2.1 简单汇总求和：SUM 函数与快捷键

下面给大家介绍两种在 Excel 中简单求和的方法。

配 套 资 源
第8章 \ 一季度产品销量汇总—原始文件
第8章 \ 一季度产品销量汇总—最终效果

扫码看视频

1. 使用 SUM 函数

了解函数的人，求和时立马会想到 SUM 函数，在单元格中输入 "=SUM("，选中求和区域，输入右括号 ")"，按【Enter】键计算，然后再使用快速填充按钮来填充。

使用 SUM 求和是工作中最常用的一种方式，如果使用熟练的话，很适合对大量数据进行求和计算。SUM 函数的语法结构在 8.1 节中介绍过，其参数中使用不同的引用符有着不同的含义。

"=SUM(B1,D1)" 表示计算 B1 和 D1 中数值的总和。

"=SUM(B1:D1)" 表示计算 B1 到 D1 区域中数值的总和。

"=SUM(B2:B4,C2:C4,D2:D4)" 表示计算 B2 到 B4、C2 到 C4 和 D2 到 D4 三个区域中数值的总和。

"=SUM(B2:B4 B3:B5)" 表示计算 B2 到 B4 和 B3 到 B5 重叠区域中数值的总和。

了解了 SUM 函数不同参数的含义，就可以轻松解决简单的求和问题了。

2. 使用快捷键【Alt】+【=】

对于水平更高的人来说，其追求的不仅是能够计算出结果，而是如何快速高效地完成操作。其实，只要选中求和区域，按组合键【Alt】+【=】，瞬间就能完成行列的批量求和，如下图所示。

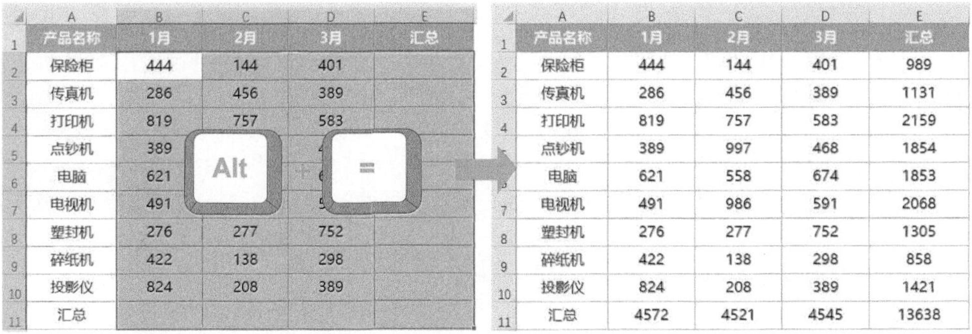

要对不连续区域的行列求和，需要按组合键【Ctrl】+【G】，在【定位条件】对话框中选中【空值】，然后再按组合键【Alt】+【=】，如下图所示。

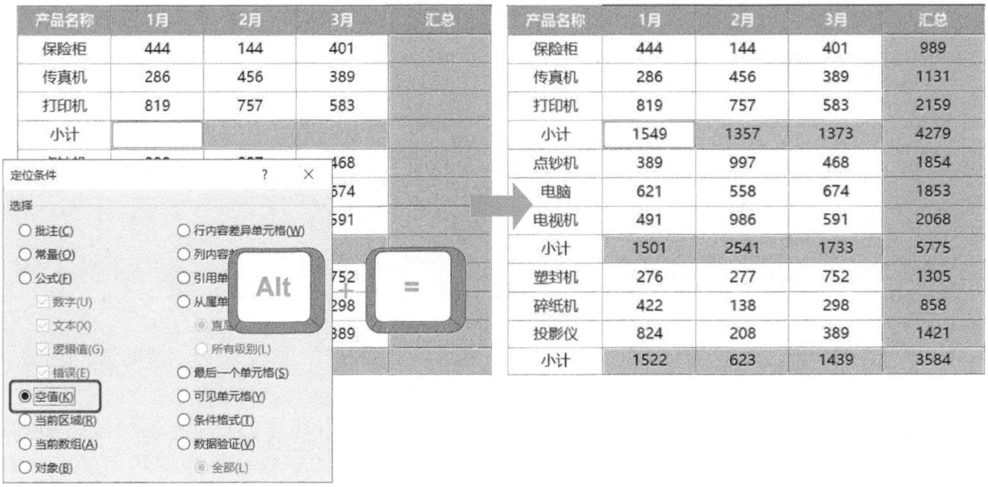

虽然 SUM 函数在求和中使用很广泛，但是在行列同时求和时，使用 SUM 函数需要在行和列中分别输入一次公式，然后分别填充；而使用组合键【Alt】+【=】，可以同时完成行列数据的求和。

8.2.2 条件求和：SUMIF 与 SUMIFS 函数

SUM 函数虽然很常用，但是也只能完成简单的求和，无法实现按条件求和。比如在一个员工销售汇总表中，要求某个员工的销售总额，此时就应该用 SUMIF 函数；如果要求某员工销售某个商品的销售总额，就需要使用 SUMIFS 函数。

配 套 资 源	
第8章 \ 员工销售额汇总—原始文件	
第8章 \ 员工销售额汇总—最终效果	

扫码看视频

1. 单条件求和

如果求和条件只有一个，可以使用 SUMIF 函数，其语法结构如下。

下面我们以汇总员工王晓云的销售额为例，分析一下 SUMIF 函数的各个参数："匹配条件的区域"是员工姓名所在的列，"条件"是要汇总销售额的员工姓名，"求和区域"就是销售额所在的列，如下图所示。

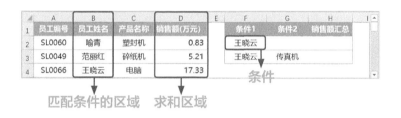

STEP 01 打开本实例的原始文件，❶选中H2单元格，❷然后切换到【公式】选项卡，❸单击【函数库】组中的【数学和三角函数】按钮，❹在弹出的下拉列表中选择【SUMIF】函数。

STEP 02 弹出【函数参数】对话框，❶分别在3个参数文本框中输入对应参数，用鼠标选择即可。输入完成后，❷单击【确定】按钮。

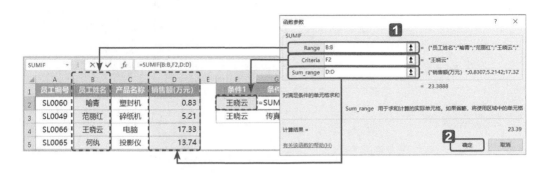

STEP 03 返回工作表，即可得到王晓云的销售额汇总结果，如下图所示。

	A	B	C	D	E	F	G	H
1	员工编号	员工姓名	产品名称	销售额(万元)		条件1	条件2	销售额汇总
2	SL0060	喻青	塑封机	0.83		王晓云		23.39
3	SL0049	范丽红	碎纸机	5.21		王晓云	传真机	
4	SL0066	王晓云	电脑	17.33				
5	SL0065	何纳	投影仪	13.74				
6	SL0060	喻青	碎纸机	4.67				
7	SL0066	王晓云	点钞机	2.81				
8	SL0049	范丽红	传真机	3.17				

提 示

　　在输入参数较多的函数公式时，建议使用函数对话框，主要有两个原因：一是函数参数对话框可以避免手动输入的错误，二是函数参数对话框对每个参数的内容都有提示，可以进一步保证公式录入的准确性。

2. 多条件求和

　　当求和条件有多个时，需要使用 SUMIFS 函数，其语法结构如下。

SUMIFS(sum_range,criteria_range1,criteria1,criteria_range2,criteria2,…)

求和区域　　条件区域1　　条件1　　条件区域2　　条件2

　　下面我们以汇总员工王晓云销售的传真机的销售额为例，分析一下 SUMIFS 函数的各个参数：匹配条件有两个，一个是员工姓名为"王晓云"，另一个是产品名称为"传真机"，"求和区域"就是销售额所在的列，如下页图所示。

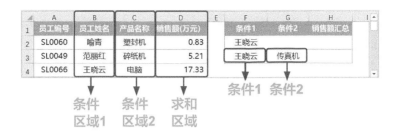

STEP 01 ❶选中H3单元格，❷切换到【公式】选项卡，❸单击【函数库】组中的【数学和三角函数】按钮，❹在弹出的下拉列表中选择【SUMIFS】函数，弹出【函数参数】对话框，❺分别在各个参数文本框中输入对应参数，如下图所示。输入完成后，❻单击【确定】按钮。

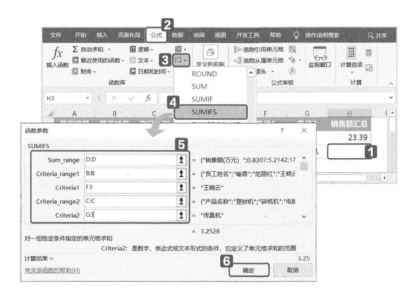

STEP 02 返回工作表，即可得到王晓云销售的传真机的销售额汇总结果，如下图所示。

8.2.3 算带权重的绩效总分用 SUMPRODUCT 函数

人事管理中经常会遇到计算员工绩效总分的问题，由于不同的考核项所占的权重不同，因此在计算综合总分时，需要先将各考核项的分数与所占权重相乘，再把得到的乘积相加，从而得出绩效总分。

输入 SUMPRODUCT 函数，然后通过鼠标框选两个区域即可完成。在具体操作之前我们先来认识一下 SUMPRODUCT 函数。

SUMPRODUCT 函数的基本应用是对多个数组的对应元素相乘，然后再把这些乘积相加。其语法结构如下。

注意，参数中每个数组必须具有相同的维数，并且数组的元素不能为错误值。

了解完 SUMPRODUCT 函数，你会发现，使用 SUMPRODUCT 函数来解决本案例的问题再合适不过了。下面演示一下具体的操作步骤。

配 套 资 源
第8章 \ 计算员工绩效总分—原始文件
第8章 \ 计算员工绩效总分—最终效果

STEP 01 ①选中E3单元格，②切换到【公式】选项卡，③单击【函数库】组中的【数学和三角函数】按钮，④在弹出的下拉列表中选择【SUMPRODUCT】函数，弹出【函数参数】对话框，⑤将鼠标定位在第一个参数文本框中，选中表格中的B3:D3区域，⑥将鼠标定位在第二个参数文本框中，选中表格中的B2:D2区域，由于复制公式时权重不变，所以将其转换为绝对引用，⑦单击【确定】按钮。

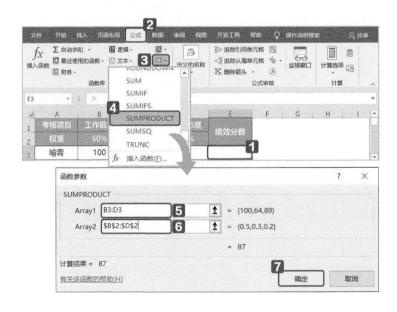

STEP 02 返回工作表，即可计算出第一个员工的绩效分数，将鼠标指针移动到 E3 单元格的右下角，当鼠标指针变成"十"字形状时，双击鼠标左键即可将公式向下复制。这样所有员工的绩效分数就计算完成了，如下图所示。

考核项目	工作能力	团队协作	工作态度	绩效分数
权重	50%	30%	20%	
喻青	100	64	89	87
范丽红	79	95	87	

考核项目	工作能力	团队协作	工作态度	绩效分数
权重	50%	30%	20%	
喻青	100	64	89	87
范丽红	79	95	87	85.4
王晓云	75	86	79	79.1
何纨	77	64	67	71.1
卫之柔	73	91	84	80.6

8.3 逻辑判断很简单

逻辑判断是工作中经常遇到的，例如根据身份证号判断员工性别，根据打卡时间判断出勤情况，根据实际销售额判断是否完成计划，根据考核分数判断是否合格……这样的情况还有很多，以上工作都可以使用逻辑函数来完成。

8.3.1 基础逻辑判断：AND 和 OR 函数

右图中是一份员工考核成绩表，每个员工有 3 个项目的考核成绩，要求其中只要有一个项目的分数不够 60 分就需要全部重新考核。

员工姓名	职场礼仪	管理办法	软件操作
喻青	100	64	89
范丽红	79	95	87
王晓云	55	86	79

接下来，需要判断每个员工的考核成绩中是否至少有一个项目的分数低于 60 分，简单的逻辑判断问题使用 AND 和 OR 函数都可以完成。

AND 函数就是用来判断多个条件是否同时成立的逻辑函数，其语法结构如下。

AND(logical1,logical2,…)

条件1　条件2

AND 函数的特点是：在众多条件中，只有全部为真时，其逻辑值才为真，即 TRUE；只要有一个为假，其逻辑值即为假，即 FALSE。

OR 函数的基本用法是：对公式中的条件进行连接，且这些条件中只要有一个满足条件，其结果就为真。其语法结构如下所示。

OR 函数的特点是：在众多条件中，只要有一个为真，其逻辑值就为真，即 TRUE；只有全部为假，其逻辑值才为假，即 FALSE。

下面就分别演示一下 AND 和 OR 函数的逻辑判断过程。

配 套 资 源
第8章 \ 员工考核成绩统计—原始文件
第8章 \ 员工考核成绩统计—最终效果

STEP 01 ❶在E2单元格中输入公式"=AND(B2>=60,C2>=60,D2>=60)"，❷将鼠标指针移动到E2单元格的右下角，双击鼠标左键，将公式向下复制。复制完成后，结果为FALSE的即存在60分以下的成绩，需要全部重新考核。

STEP 02 ❶在F2单元格中输入公式"=OR(B2<60,C2<60,D2<60)"，❷将鼠标指针移动到F2单元格的右下角，双击鼠标左键，将公式向下复制。复制完成后，结果为TRUE的即存在60分以下的成绩，需要全部重新考核。

虽然 AND 函数和 OR 函数的逻辑值是反的，但是判断的结果却是一致的。

8.3.2 高频使用的 IF 函数

在逻辑函数中，IF 函数应该是使用频率最高的了。IF 函数的基本用法是，根据指定的条件进行判断，得到满足条件的结果 1 或者不满足条件的结果 2。其语法结构如下所示。

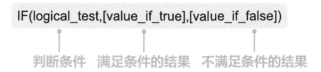

仍然以员工考核成绩为例，如果考核总分高于 225 分，则考核结果为合格，否则为不合格。

	A	B	C	D	E	F
1	员工姓名	职场礼仪	管理办法	软件操作	考核总分	考核结果
2	喻青	100	64	89	253	
3	范丽红	79	95	87	261	

下面分析一下 IF 函数的各个参数：判断条件就是"考核总分大于 225"，满足条件的结果是"合格"，不满足条件的结果是"不合格"。具体操作步骤如下。

配 套 资 源	
第8章 \ 员工考核成绩统计01—原始文件	
第8章 \ 员工考核成绩统计01—最终效果	

扫码看视频

STEP 01 **1**在F2单元格中输入公式"=IF(E2>225,"合格","不合格")"，**2**将鼠标指针移动到F2单元格的右下角，双击鼠标左键，将公式向下复制。

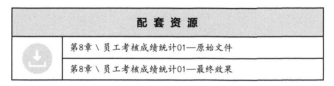

STEP 02 复制完成后，所有的考核结果就被统计出来了，如下图所示。

	A	B	C	D	E	F	G	H
1	员工姓名	职场礼仪	管理办法	软件操作	考核总分	考核结果		
2	喻青	100	64	89	253	合格		
3	范丽红	79	95	87	261	合格		
4	王晓云	55	86	79	220	不合格		
5	何纳	77	64	67	208	不合格		

本案例中，先计算出了考核总分，然后在 IF 函数中直接引用了 E 列中的考核总分。如果对 IF 函数的用法很熟悉，可以直接在 IF 函数中嵌套 SUM 函数。这里由于篇幅限制，

对此不做具体介绍，如果想要学习 IF 函数的嵌套内容，可以扫码观看视频学习。

8.4 字符提取随你挑

在本书的第 5 章 5.1.3 小节中介绍过两种从一列数据中提取出数字或文本的方法：分列法和快速填充法。其实 Excel 的文本函数中有几个函数是专门用来提取字符的，例如 LEFT、MID 和 RIGHT 函数，接下来详细介绍一下它们的用法。

下面左图的产品信息中包含了 3 类数据，要从中分别提取出产品编码、产品名称和产品单位，可以分别使用 LEFT、MID 和 RIGHT 函数完成。

产品信息
SF004塑封机/台
SZ006碎纸机/台
DC007点钞机/台

产品编码	产品名称	产品单位
SF004	塑封机	台
SZ006	碎纸机	台
DC007	点钞机	台

配 套 资 源
第8章 \ 产品销售明细表—原始文件
第8章 \ 产品销售明细表—最终效果

扫码看视频

8.4.1 左侧提取用 LEFT 函数

观察以上案例，产品编码位于产品信息的最左侧，从左侧提取字符可以使用 LEFT 函数，其语法结构如右图所示。

LEFT(text,[num_chars])

字符串　　要截取的字符个数

分析一下 LEFT 函数的各个参数：字符串是产品信息所在的单元格，产品编码都是 5 个字符，所以要截取的字符个数就是 5。

STEP 1 在C列后插入3个空白列，分别输入标题"产品编码""产品名称""产品单位"，2 在D2单元格中输入公式"=LEFT(C2,5)"，3 最后将D2的公式向下复制。

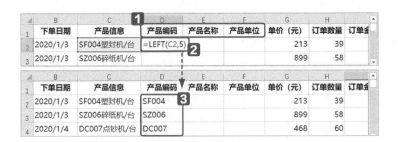

8.4.2　中间提取用 MID 函数

本案例中，产品名称位于产品信息的中间位置，从中间提取字符可以使用 MID 函数。关于 MID 函数，我们在本书第 4 章 4.2.5 小节中介绍过使用 MID 函数从身份证号中提取出生日期，本案例中 MID 函数的用法与之相同，这里不做过多介绍。

本案例的操作步骤如下。

STEP **1** 在 E2 单元格中输入公式"=MID(C2,6,3)"，**2** 然后将 E2 的公式向下复制。

	B	C	D	E	F	G	H	
1	下单日期	产品信息	产品编码	产品名称	产品单位	单价 (元)	订单数量	订单金
2	2020/1/3	SF004塑封机/台	SF004	=MID(C2,6,3) **1**		213	39	
3	2020/1/3	SZ006碎纸机/台	SZ006			899	58	

	B	C	D	E	F	G	H	
1	下单日期	产品信息	产品编码	产品名称	产品单位	单价 (元)	订单数量	订单金
2	2020/1/3	SF004塑封机/台	SF004	塑封机 **2**		213	39	
3	2020/1/3	SZ006碎纸机/台	SZ006	碎纸机		899	58	
4	2020/1/4	DC007点钞机/台	DC007	点钞机		468	60	

8.4.3　右侧提取用 RIGHT 函数

本案例中，产品单位位于产品信息的右侧，从右侧提取字符可以使用 RIGHT 函数，其语法结构如右图所示。

RIGHT(text,[num_chars])

字符串　要截取的字符个数

分析一下 RIGHT 函数的各个参数：字符串是产品信息所在的单元格，产品单位都是 1 个字符，所以要截取的字符个数就是 1，操作步骤如下。

STEP **1** 在 F2 单元格中输入公式"=RIGHT(C2,1)"，**2** 将 F2 的公式向下复制。

	B	C	D	E	F	G	H	
1	下单日期	产品信息	产品编码	产品名称	产品单位	单价 (元)	订单数量	订单金
2	2020/1/3	SF004塑封机/台	SF004	塑封机	=RIGHT(C2,1) **1**		39	
3	2020/1/3	SZ006碎纸机/台	SZ006	碎纸机		899	58	

	B	C	D	E	F	G	H	
1	下单日期	产品信息	产品编码	产品名称	产品单位	单价 (元)	订单数量	订单金
2	2020/1/3	SF004塑封机/台	SF004	塑封机	台 **2**	213	39	
3	2020/1/3	SZ006碎纸机/台	SZ006	碎纸机	台	899	58	
4	2020/1/4	DC007点钞机/台	DC007	点钞机	台	468	60	

本节介绍的文本函数和第 4 章介绍过的快速填充功能都可以提取字符，究竟该选择哪种方法呢？对于简单的提取操作，使用快速填充功能更快捷；但是对于相对复杂的数据处理，还是使用函数更方便，因为它们可以与其他函数嵌套，一步即可完成。

8.5 日期提醒不怕忘

日期是数据表中必不可少的数据，对日期进行准确的处理与计算是非常重要的工作。日期也是特殊的数字，可以进行简单的加减计算，例如两个日期相减，可以得到相差的天数；一个日期减去数字，可以得到新的日期……如下图所示。

	A	B	C	
1	日期	公式	结果	
2	2020/7/1	=A3-A2	31	← 两个日期之间间隔的天数
3	2020/8/1	=A2+10	2020/7/11	← 某日期10天后的日期

除了上述简单的计算，还有一些关于日期的特殊计算，这就需要用到日期函数了，接下来进行详细介绍。

8.5.1 自动输入日期和星期

有时候需要每天在表格中更新当天的日期，如果逐个手动输入，不但麻烦，且易出错，其实只要一个函数就可以轻松解决。

TODAY 函数的功能就是返回日期格式的当前日期。注意此函数没有参数，只要在输入等号后，输入"TODAY()"即可（右图中当天日期是 2020/7/2）。

	A	B
1	公式	结果
2	=TODAY()	2020/7/2

按星期进行会议主持排班、按星期轮流值日等等都是日常工作中经常遇到的，如果按日历中的星期数逐个手动输入，不但麻烦，而且浪费时间。最好的方式就是输入日期后，能够按照日期自动匹配出星期数。WEEKDAY 函数可以做到。

WEEKDAY 函数的功能是返回某日期的星期数，其语法结构如下。

WEEKDAY(serial_number,return_type)

日期　　　确定返回值类型的数字

1 - 从 1 (星期日)到 7 (星期六)的数字
2 - 从 1 (星期一)到 7 (星期日)的数字
3 - 从 0 (星期一)到 6 (星期日)的数字
11 - 数字 1 (星期一)至 7 (星期日)
12 - 数字 1 (星期二)至 7 (星期一)
13 - 数字 1 (星期三)至 7 (星期二)
14 - 数字 1 (星期四)至 7 (星期三)
15 - 数字 1 (星期五)至 7 (星期四)
16 - 数字 1 (星期六)至 7 (星期五)
17 - 数字 1 (星期日)至 7 (星期六)

其中第 2 个参数包含多种类型，不同的数字代表返回值是从 1 到 7 还是从 0 到 6，以及从星期几开始计数，如右图所示。如省略则返值为 1 到 7，且从星期日起计。

大多数人的习惯是将星期一当作每周的第一天，将星期日当作最后一天，所以选择第 2 个参数为"2"，例如公式"=WEEKDAY("2020/7/2",2)"的结果是 4，代表星期四。

在公式中直接输入日期时，需要用英文的双引号将其引起来，否则会出现错误结果。

8.5.2 合同到期日提醒

在日常工作中，查看合同是否到期也是经常需要做的工作。如果对 Excel 的功能和函数不熟悉，可能每周都要从头到尾算一遍，且易出现遗漏，导致合同已过期而未发现。能不能设置一个合同到期自动提醒的功能呢？

当然可以，只要函数和条件格式联手即可，具体操作步骤如下。

配 套 资 源
第8章 \ 员工合同管理表—原始文件
第8章 \ 员工合同管理表—最终效果

扫码看视频

STEP 01 1选中合同到期日所在的数据区域，2单击【样式】组中的【条件格式】按钮，3在下拉列表中选择【新建规则】选项，弹出【新建格式规则】对话框，4在【选择规则类型】列表框中选择【使用公式确定要设置格式的单元格】选项，5在【为符合此公式的值设置格式】文本框中输入公式 "=C2-TODAY()<=7"，6单击【格式】按钮，弹出【设置单元格格式】对话框，7设置提醒颜色，例如红色，8单击【确定】按钮，返回【新建格式规则】对话框，9单击【确定】按钮。

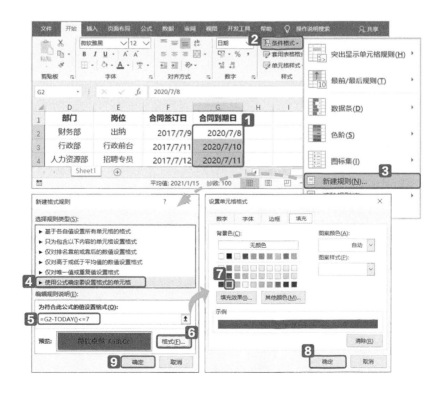

STEP 02 设置完成后返回工作表，当合同到期日与当前日期的间隔在7天之内时，单元格会显示红色，如下图所示。

	B	C	D	E	F	G	
1	姓名	身份证号	部门	岗位	合同签订日	合同到期日	
2	钱 黛	51****199407223985	财务部	出纳	2017/7/9	2020/7/8	
3	陶雪梅	51****199009078545	行政部	行政前台	2017/7/11	2020/7/10	
4	魏洪丽	13****201109248464	人力资源部	招聘专员	2017/7/12	2020/7/11	
5	金 黛	36****198610263337	人力资源部	人事专员	2017/7/3	2020/7/2	

由于公式中使用了动态函数 TODAY，所以每次打开表格时，数据都会自动更新，只需一次操作就可以完成后续的大量工作。

8.5.3 工龄计算精确到年、月、日

在计算员工工龄时，很多人的做法是将当前日期与入职日期相减，得到间隔天数，然后进一步计算出年或月，如下图所示。

$$工龄（年）= \frac{当前日期 - 入职日期}{365} \qquad 工龄（月）= \frac{当前日期 - 入职日期}{30}$$

这样做不但烦琐，而且不准确，因为不是每个月都是 30 天，也不是每年都是 365 天。

要想精确地计算出两个日期之间的间隔年、月或日，可以使用 DATEDIF 函数，以下是 DATEDIF 函数的语法结构。

DATEDIF(start_date,end_date,unit)

开始日期　结束日期　返回值类型

其中第 3 个参数常用的类型有 3 种：y 代表年，m 代表月，d 代表日。下面我们就以计算员工工龄为例，介绍一下 DATEDIF 函数的不同类型返回值的用法。

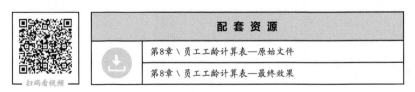

配 套 资 源
第8章 \ 员工工龄计算表—原始文件
第8章 \ 员工工龄计算表—最终效果

扫码看视频

STEP 01 选中G2单元格，输入公式 "=DATEDIF(F2,TODAY(),"y")"，表示以年为单位计算工龄，将G2中的公式向下复制即可。

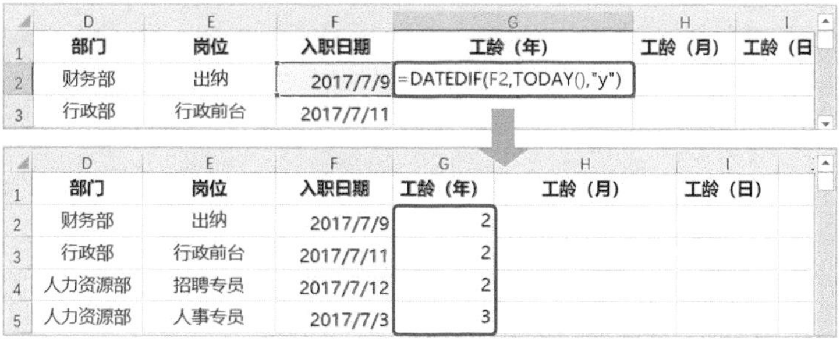

STEP 02 选中H2单元格，输入公式 "=DATEDIF(F2,TODAY(),"m")" ，表示以月为单位计算工龄，将H2中的公式向下复制即可。

STEP 03 选中I2单元格，输入公式 "=DATEDIF(F2,TODAY(),"d")" ，表示以日为单位计算工龄，将I2中的公式向下复制即可。

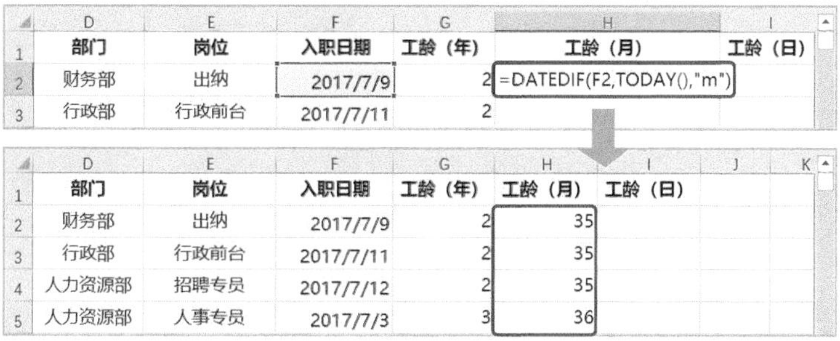

通过以上方法计算出的员工工龄不但准确，并且是动态的，只要输入一次公式，以后每天打开表格，数据都可以自动更新。

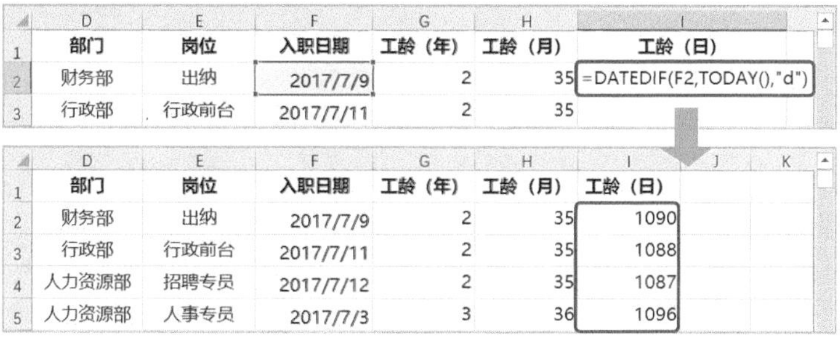

8.6 一键自动查询工资：VLOOKUP 函数

下面左图所示的表格是员工工资表，工作中可能会需要在此基础上做一个工资查询表，把指定员工的各项工资数据查询出来，工资查询表的格式如下面右图所示。

▲ 员工工资表

▲ 工资查询表

要查找的员工姓名位于工资表的最左侧 B 列，正常的查找步骤应该是：在 B 列中查找出指定员工，然后向右依次取出各项目对应的数据，将其填入工资查询表中。

这个查找任务用 VLOOKUP 函数就可以快速完成。

VLOOKUP 函数是根据指定的一个条件，在指定的数据列表或区域内，在第一列匹配是否满足指定的条件，然后从右边某列取出该项目的数据。其语法结构如下。

匹配条件   查找列表或区域   取数的列号   匹配模式

匹配条件：指定的查找条件。

查找列表或区域：一个至少包含一行数据的列表或单元格区域，并且该区域的第一列必须含有要匹配的条件，也就是说，匹配值是什么，就将其选为区域的第 1 列。

取数的列号：从区域的哪列取数，这个列数是从匹配条件那列开始向右计算的。

匹配模式：当为 TRUE 或者 1 或者忽略时为模糊定位查找，也就是说当匹配条件不存在时，匹配最接近条件的数据；当为 FALSE 或者 0 时为精确定位查找，也就是说条件值必须存在，要么是完全匹配的名称，要么是包含关键词的名称。

接下来分析一下以上案例中的各个参数："匹配条件"是员工姓名，即工资查询表中的 C1 单元格；"查找列表或区域"是员工工资表中的 B:L 区域；"取数的列号"是从员工工资表的 B 列开始向右数，由 2 依次增加；"匹配模式"是精确查找，即 0。具体操作步骤如下。

扫码看视频

配 套 资 源	
第8章 \ 销售部工资表—原始文件	
第8章 \ 销售部工资表—最终效果	

STEP 01 打开本实例的原始文件，切换到工资查询表，选中C4单元格，输入公式"=VLOOKUP($C$1,员工工资表!B:L,2,0)"，注意由于向下复制公式时C1单元格的位置不变，因此使用绝对引用。

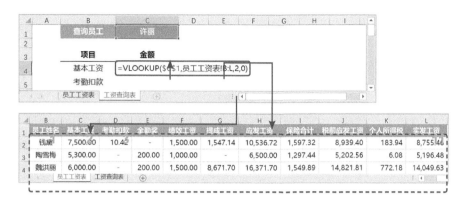

STEP 02 将C4单元格中的公式无格式向下填充，由于公式中需要返回的项目对应员工工资表中的列是向右依次加1，因此第3个参数需要由2依次加1，公式内容如下面左图所示。操作完成后，即可查询出许丽各项工资的数据，如下面右图所示。

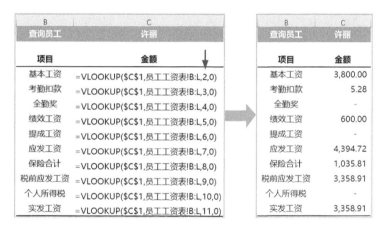

　　本案例中 C1 单元格中的员工姓名是采用下拉列表的方式填充的，只要选中 C1 单元格，从下拉列表中选择员工姓名，即可自动查询出该员工的各项工资数据。

　　由于公式中引用的是 C1 单元格，所以后续无须再修改公式。

第9章
数据分析与可视化

前面各章中已经重点介绍了Excel的常用技能，包括基本数据录入、日常数据处理、图表、数据透视表、函数公式等。本章将结合实际案例，综合运用前面的各种工具，建立一体化的数据分析看板。

关于本章知识，本书配套教学资源中有相关的素材文件及教学视频，读者也可以扫描书中的二维码进行学习。

9.1 数据看板，看得见的管理

高手做的数据展示看板，数据清晰明了，令人耳目一新，令人由衷地感到钦佩。那么，数据看板到底是什么样的？如何制作出数据看板呢？本节将做具体介绍。

9.1.1 数据看板的结构

其实数据看板的制作并不难，在 Excel 中也可以制作出高级的数据看板，如下图所示是使用 Excel 制作的某公司年度销售数据看板。

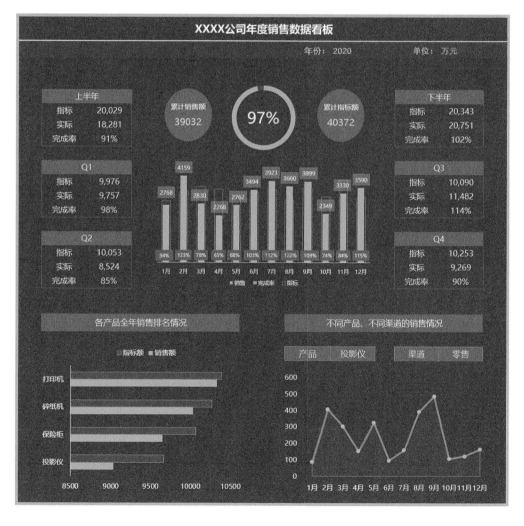

数据看板的结构基本都是一致的，主要包含以下几个部分：看板标题、备注栏和正

文。其中备注栏一般包括年份和单位等信息；正文部分一般按总－分结构分布，首先展示报告的总体数据，然后分角度对数据进行具体剖析。

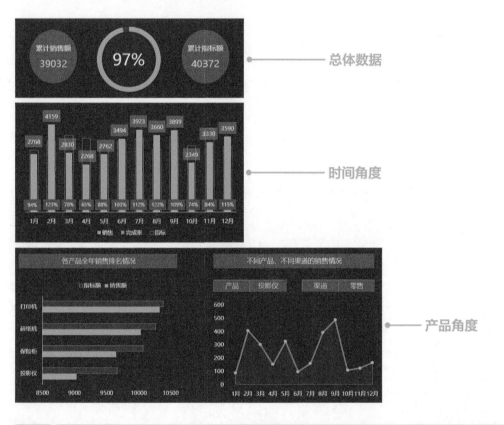

9.1.2 数据看板的制作思路

数据看板的结构看似复杂，其实只要思路清晰，掌握好方法，制作起来很轻松。数据看板的制作只需 5 步，如下图所示。

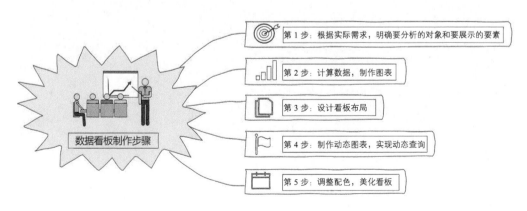

第 1 步：根据实际需求，明确要分析的对象和要展示的要素。例如，前面展示的销售数据看板中包含了各时间段的销售完成率、各产品的年度销售排名和不同产品不同渠道的年度销售趋势等。整个看板中使用圆环图、柱形图、条形图和折线图等图表来展示数据。

第 2 步：确定数据源，计算出需要展示的数据，根据数据制作图表。在数据源表的基础上，新建一个辅助表，用来存放计算出的需要展示的数据。

第 3 步：设置数据分析看板的布局。将辅助表中已经做好的数据和图表复制到看板中，调整好布局。

第 4 步：插入调节按钮（下拉列表），制作动态图表，实现动态查询。为了同时展示多维度的数据，同时也为了节省空间，可以通过插入按钮或下拉列表来控制动态图表。

第 5 步：调整配色，美化看板。根据看板的整体色调，调整图表和各部分元素的配色，对看板做最终的美化。

9.2 公司年度销售数据分析

学习了数据看板的结构和制作思路，接下来我们就以某公司的年度销售数据分析为例，讲解可视化数据看板的制作过程。

9.2.1　年度指标完成率分析

配 套 资 源
第9章 \ 某公司销售数据看板—原始文件
第9章 \ 某公司销售数据看板—最终效果

扫码看视频

1. 计算销售完成率

在数据源表的基础上新建一个辅助表，计算出各时间跨度的销售额、指标额和销售完成率，如下图所示。

▲ 数据源表　　　　　　　　　　　▲ 辅助表

其中跨度列中的 Q 代表季度，使用 SUM 函数可以直接计算出销售额和指标额的数据，销售完成率的公式是"= 销售 / 指标 *100%"。

数值计算完成后，将半年度和季度的数据直接在数据看板中展示出来：文本可以直接输入；数值部分分别在单元格中输入"="，然后从辅助表中引用过来即可，这样当后续辅助表中的数据发生变化时，数据看板中的数据可以自动更新。

数据引用完成后进行适当的美化，由于本案例看板的背景色是深青色，所以各部分元素也要取相近的颜色。效果如下图所示。

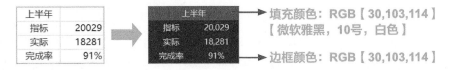

2. 创建形状展示数据

STEP 01 累计销售额和累计指标额的数值是在椭圆形状中输入的，❶切换到【插入】选项卡，❷在【插图】组中单击【形状】按钮，❸选择【椭圆】，❹在工作表区域按住鼠标左键拖曳，即可绘制一个椭圆形状，❺然后在编辑栏中直接输入"=辅助表!T8"，引用辅助表中的T8单元格即可，如下图所示。

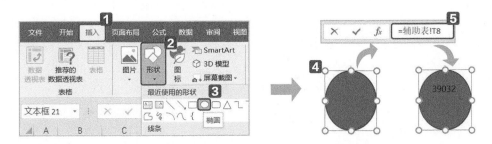

STEP 02 数据引用完成后，❶设置形状文本框的填充颜色、对齐方式和字体格式，❷然后插入文本框，输入标题名称并设置字体格式即可，具体信息如下图所示。

3. 制作百分比圆环图

百分比圆环图由两部分组成：外部的圆环图和内部的椭圆文本框，百分比数值放在椭圆文本框中。

STEP 01 在辅助表中的全年累计完成率V8的旁边增加一个辅助列W8，在单元格W8中输入公式"=1-V8"，然后选中V8:W8的数据，插入圆环图。

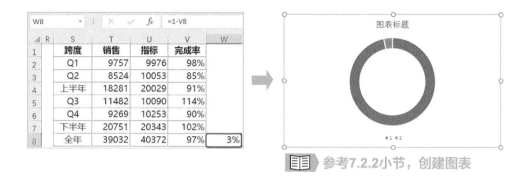

📖 参考7.2.2小节，创建图表

STEP 02 1️⃣设置图表区域为【无填充】【无轮廓】，圆环为【无轮廓】，圆环大小为【85%】，2️⃣自定义圆环中97%部分的颜色，3️⃣自定义圆环中3%部分的颜色。

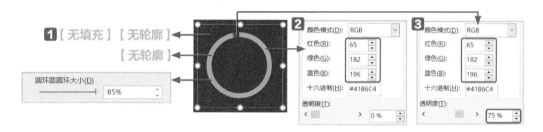

STEP 03 1️⃣根据前面介绍的步骤，插入椭圆文本框，并引用辅助表中的V8单元格，设置椭圆的填充颜色，2️⃣设置文本框的对齐方式和字体格式，具体数值如下图所示。

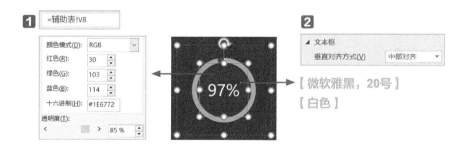

9.2.2 各月销售完成情况分析

配 套 资 源
第9章 \ 某公司销售数据看板—原始文件
第9章 \ 某公司销售数据看板—最终效果

扫码看视频

STEP 01 在辅助表中计算各月的销售额、指标额和完成率数据，结构如下图所示。

月份	1月	2月	3月	4月	5月	6月	7月	8月	9月	10月	11月	12月
销售	2768	4159	2830	2268	2762	3494	3923	3660	3899	2349	3330	3590
指标	2946	3383	3647	3513	3148	3392	3501	3000	3589	3165	3972	3116
完成率	94%	123%	78%	65%	88%	103%	112%	122%	109%	74%	84%	115%

STEP 02 选中数据区域，插入簇状柱形图，删除图表标题、隐藏网格线，**1**设置销售系列为【主坐标轴】，【系列重叠】为【100%】，【间隙宽度】为【176%】，**2**设置指标系列为【次坐标轴】，【系列重叠】为【－100%】，【间隙宽度】为【109%】。

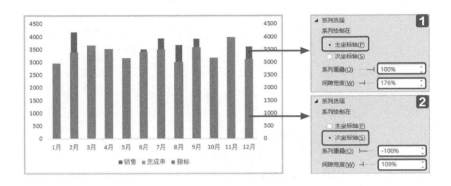

STEP 03 保持两个坐标轴刻度一致并删除它们，分别设置销售系列的填充颜色和指标系列的边框颜色，设置数值如下图所示。

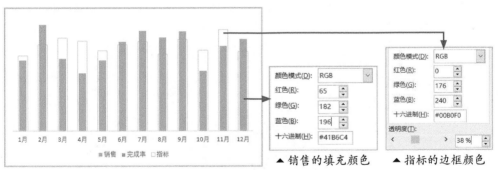

▲ 销售的填充颜色　　▲ 指标的边框颜色

STEP 04 为所有的数据系列添加数据标签，然后选中指标系列的数据标签，将其删除，效果如右图所示。

STEP 05 **1**设置销售系列数据标签的填充颜色和字体格式，**2**设置完成率系列数据标签的填充颜色和字体格式，**3**设置横坐标轴的字体格式，**4**设置图例的字体格式。

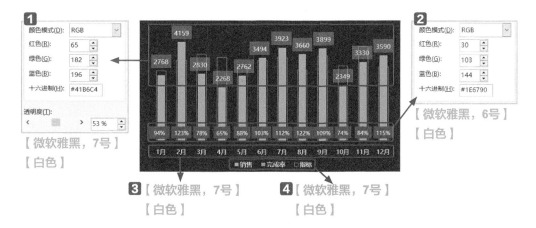

【微软雅黑，7号】
【白色】

【微软雅黑，6号】
【白色】

3【微软雅黑，7号】
　　【白色】

4【微软雅黑，7号】
　　【白色】

9.2.3　各产品全年销售排名情况

配 套 资 源
第9章 \ 某公司销售数据看板—原始文件
第9章 \ 某公司销售数据看板—最终效果

扫码看视频

STEP 01 在辅助表中计算各产品全年的销售额和指标额，并按销售额进行升序排序，如右图所示。

产品名称	销售额	指标额
投影仪	9029	9660
保险柜	9646	10066
碎纸机	10029	10264
打印机	10328	10382

STEP 02 选中数据区域，插入条形图，删除图表标题，将图例移动到图表上方，设置横坐标轴的边界和单位，如下图所示。

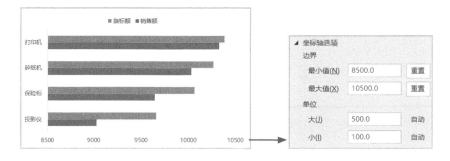

STEP 03 **1**设置销售额系列的填充颜色，**2**设置指标额系列的边框颜色，**3**设置指标额系列的填充颜色，具体数值如下页图所示。

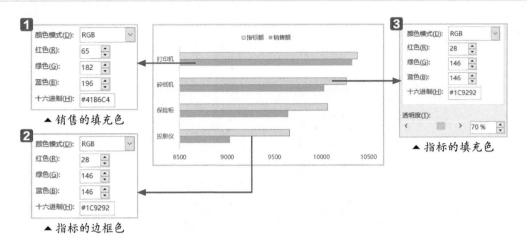

▲ 销售的填充色

▲ 指标的边框色

▲ 指标的填充色

STEP 04 **1** 设置图表的所有字体格式为【微软雅黑，9号，白色】，**2** 设置图表为【无填充】【无轮廓】，最后将整个图表复制到数据看板中即可。

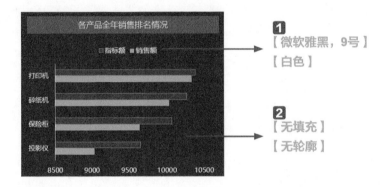

1 【微软雅黑，9号】【白色】

2 【无填充】【无轮廓】

9.2.4 不同产品、不同渠道的销售情况

本案例中不同产品不同渠道在各个月的销售数据如下图所示。

B	C	D	E	F	G	H	I	J	K	L	M	N	O	P	Q
年份	产品	渠道	1月	2月	3月	4月	5月	6月	7月	8月	9月	10月	11月	12月	合计
2020销售	保险柜	超市	403	474	204	172	249	139	381	338	490	245	164	204	3463
2020销售		零售	183	413	64	348	368	381	453	377	112	118	183	253	3253
2020销售		网店	173	467	176	168	315	456	291	213	50	144	125	352	2930
2020销售	打印机	超市	427	283	398	135	416	342	278	65	154	142	76	195	2911
2020销售		零售	151	426	418	342	75	363	380	387	495	197	280	435	3949
2020销售		网店	54	312	92	194	98	333	293	385	365	436	465	441	3468
2020销售	碎纸机	超市	259	372	233	106	260	97	380	138	241	326	404	198	3014
2020销售		零售	242	314	81	96	85	433	496	498	270	231	434	62	3242
2020销售		网店	299	332	361	342	373	139	318	369	344	140	355	401	3773
2020销售	投影仪	超市	175	80	123	124	106	407	154	83	490	134	284	481	2641
2020销售		零售	88	408	302	153	325	96	158	392	486	107	123	164	2802
2020销售		网店	314	278	378	88	92	308	341	415	402	129	437	404	3586

要根据以上数据制作出动态图表，在选择不同的产品或渠道时，会动态展示 1~12

月的数据，因此需要先做出一个辅助区域，如下图所示。

各产品、各渠道销售额：	月份	1月	2月	3月	4月	5月	6月	7月	8月	9月	10月	11月	12月
	销售	88	408	302	153	325	96	158	392	486	107	123	164

动态区域做好后，再插入图表即可。下面讲解具体的操作步骤。

配 套 资 源

第9章 \ 某公司销售数据看板—原始文件
第9章 \ 某公司销售数据看板—最终效果

扫码看视频

STEP 01 在数据看板中制作控制动态图表的选择按钮，本案例使用数据验证功能分别制作【产品】和【渠道】选项的下拉列表，单元格的参数设置如下图所示。

参考4.2.6小节，创建下拉列表

填充颜色：
RGB【30,103,144】

边框颜色：
RGB【28,146,146】

【微软雅黑，11号】

【金色，个性色4，淡色60%】

▲ 参数设置表　　▲ 2020 年数据看板

接下来根据选择按钮的内容，设置公式动态引用数据区域（参考 8.7.3 小节 MATCH 函数与 INDEX 函数联合）。

第 1 步：首先使用 MATCH 函数确定数据看板中的"产品"（即 I23）在辅助表区域 C2:C13 中的位置。注意后续复制公式时引用位置都不变化，因此都使用绝对引用。

MATCH('2020 年数据看板 '!$I$23,$C$2:$C$13,0)

第 2 步：使用 MATCH 函数确定数据看板中的"渠道"（L23）在辅助表数据区域中的位置。由于每个产品下的渠道数量都是 3，并且位置都是一样的，因此当产品位置确定后，选择一个产品对应的渠道来确定位置即可，这里我们以 D2:D4 区域来确定。

MATCH('2020 年数据看板 '!$L$23,$D$2:$D$4,0)

根据"产品"和"渠道"的位置以及它们与行号之间的关系可以确定，二者对应的数据区域（E2:Q13）中的行数等于以上两个位置相加再减 1，如下图所示。

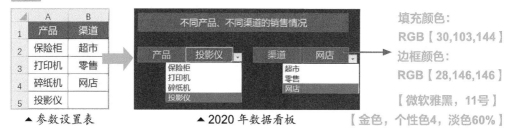

因此由产品和渠道两个项目对应的数据区域 E2:Q13 中的行数的公式如下：

MATCH('2020 年数据看板 '!$I$23,$C$2:$C$13,0)+MATCH('2020 年数据看板 '!$L$23, $D$2:$D$4,0)-1

第 3 步：使用 MATCH 函数确定"月份"在数据区域 E2:Q13 中的列数。

MATCH(E20,$E$1:$Q$1,0)

第 4 步：使用 INDEX 函数从辅助表区域 E2:Q13 中将指定行、列的数据提取出来。

=INDEX($E$2:$Q$13,MATCH('2020 年数据看板 '!$I$23,$C$2:$C$13,0)

+MATCH('2020 年数据看板 '!$L$23,$D$2:$D$4,0)-1,MATCH(E20,$E$1:$Q$1,0))

STEP 02 在辅助表的E21单元格中输入下图所示的公式，然后向右复制即可。

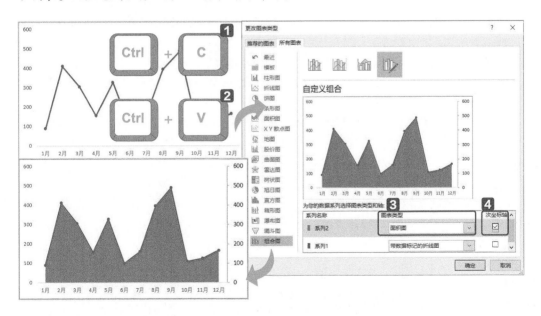

STEP 03 根据动态区域创建折线图，创建完成后，**1**选中数据系列，按【Ctrl】+【C】组合键进行复制，**2**再按【Ctrl】+【V】组合键进行粘贴，这样就增加了一个数据系列。然后打开【更改图表类型】对话框，**3**将其中一个数据系列的【图表类型】更改为【面积图】，**4**同时勾选【次坐标轴】复选框，这样图表就变成了折线图和面积图的组合图表。设置完成后将次要纵坐标轴删除即可。

STEP 04 **1**设计折线图的线条和标记的填充色，**2**设计面积图的填充颜色和边框颜色。

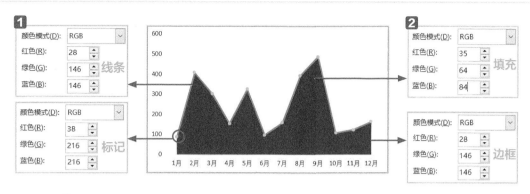

STEP 05 **1**设计图表的字体格式，**2**设置坐标轴为【无线条】，**3**将图表设置为【无填充】【无轮廓】，最后将图表复制到数据看板中即可。

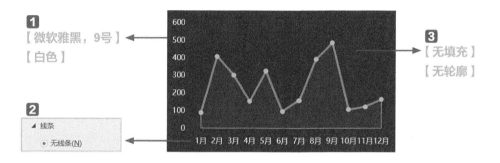

动态图表做好后，在数据看板中单击产品和渠道右侧的单元格，从下拉列表中选择不同的选项，即可动态查看图表数据，如下图所示。

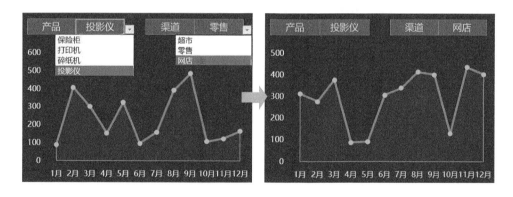

各部分内容完成后，最后在数据看板中进行统一的排版布局和美化，这样数据看板就制作完成了，各项指标一目了然。

本案例的销售数据看板中只是从两个角度对销售数据进行了分析，真正的企业数据分析应该是多角度、多层次的，这样的分析报告才能真正为企业计划与决策提供帮助和参考，本案例重点在于介绍数据看板的制作过程，内容方面仅供参考，读者可以根据企业的实际情况，做出一份全面详尽的数据分析看板。

第3篇

快速打造一份完美的PPT

第10章

重新认识 PPT

PPT是一种演示文档，它的主要功能是在演示的过程中，辅助演讲者进行信息的表达和呈现。使用PPT进行演讲，主要是通过听觉和视觉两个方面来影响受众的。

关于本章知识，本书配套教学资源中有相关的素材文件及教学视频，读者也可以扫描书中的二维码进行学习。

10.1 PPT 制作的误区

提到 PPT，很多人都会觉得很简单，但是实际上大部分的使用者对 PPT 的认识不足，而且存在很多误区。这是绝大多数使用者做出的 PPT 比较简陋的主要原因。

误区 1：使用不适合的背景

PPT 使用者常犯的第 1 个错误是喜欢用复杂、漂亮的背景。他们觉得纯色的背景太单调，所以就为 PPT 添加一些背景图，如蓝天、白云、树木、卡通人物之类。

这样做出来的 PPT 可能就是下方左图这样的，比较可知，添加背景图后的 PPT 远不如纯色背景的美观。因此，在制作 PPT 时一定要注意，背景不能乱用，要根据主题选择。

▲ 花式背景

▲ 纯色背景

误区 2：把 PPT 当 Word 使用

PPT 使用者常犯的第 2 个错误是堆砌大段的文字，文字没有分组，没有重点。

▲ 堆砌大段文字

▲ 简洁概括性文字

没人喜欢看长篇大论的 PPT，所以 PPT 一定要简洁概括。如果字实在太多，又不能删除，那么最好的办法就是提炼和分组，提炼出每一段话的重点，这样观众在阅读的时候就可以先看重点信息，如果想深入了解，再看具体内容。

误区 3：习惯使用衬线字体

PPT 使用者常犯的第 3 个错误是喜欢用传统的楷体或者宋体，甚至是艺术字体。宋体和楷体是一种衬线字体。

从字形上来说，字体可以分为衬线体和非衬线体两类。

衬线字体指的是笔画粗细不一、有明显的笔锋的字体。这类字体很秀气，装饰性很强，主要代表就是宋体、楷体。无衬线字体指的是笔画粗细一致、没有笔锋的字体。

▲ 有衬线（宋体）

▲ 无衬线（微软雅黑）

同一个文字，有衬线字体和无衬线字体给人的视觉冲击和感觉大为不同。在 PPT 中，我们需要的显然是视觉冲击力大的字体，因此通常建议选择无衬线字体，如下图所示。

▲ 衬线字体——宋体

▲ 无衬线字体——微软雅黑

在 PPT 中，常用的无衬线字体除了微软雅黑，还有思源黑体、冬青黑体、方正兰亭黑体。

误区 4：胡乱搭配颜色

PPT 使用者常犯的第 4 个错误：一个 PPT 用四五种甚至更多种颜色。

要注意，PPT 中使用的颜色种类并不是越多越好。颜色最多不要超过三种，颜色越少，越好掌控。

▲ 胡乱搭配颜色　　　　　　　　　　　▲ 根据主题搭配颜色

一般情况下，在 PPT 中文字是一种颜色，背景是一种颜色，还有一种就是主题的颜色，主题色通常可以根据公司的 logo 或者产品的主色来确定。

误区 5：使用不恰当的图片

文不如表，表不如图。好的图片可以瞬间提升 PPT 的视觉效果，差的图片则能够瞬间毁了 PPT。

PPT 要避免使用与主题无关、带水印、分辨率低、拍摄水平差的图片。

在 PPT 中使用图片的主要目的是辅助观众理解文字，例如下方右图中的图片可以让观众更清楚地了解智能家居系统的结构，而下方左图中的图片与智能家居系统不相关，并不能起到帮助观众理解文字的作用，反而影响了观众对于文字的阅读。

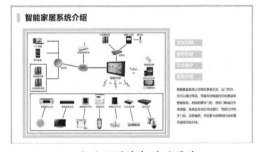

▲ 与主题不相关的图片　　　　　　　　▲ 与主题紧密相关的图片

误区 6：排版不整齐

PPT 中的图文如果没有对齐，会给人一种凌乱的感觉。PPT 排版要做到工整有序，这样会产生一种秩序美。

▲ 排版混乱　　　　　　　　　　▲ 有序排版

要想做到对齐，不能光靠肉眼，需要使用对齐工具、借助参考线。

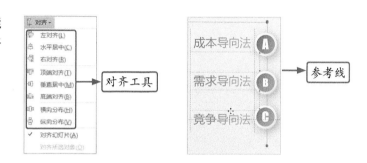

10.2 制作一份 PPT 需要几步

PPT 作为一种辅助演讲的工具，内容上应该力求精简，抓住核心问题。那么 PPT 内容的核心是如何构思出来的呢？

这个问题的关键是确定 PPT 的观众。确定了观众，就找到了整个 PPT 的内容和逻辑，也就确定了信息传播的切入点。

然后要用问题引领叙事。如果能用一个问题吸引观众，并把观众心里的问题一个一个地解开，那么 PPT 的内容和逻辑就没有太大的问题。

10.2.1 一份完整的 PPT 包含哪些部分

一份完整的 PPT 通常由封面页、目录页、过渡页、正文页和结尾页 5 个部分组成。

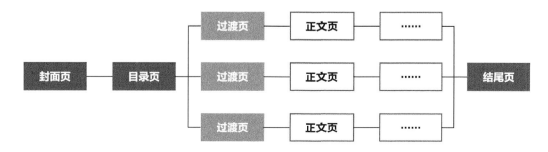

需要注意的是，并不是所有 PPT 都必须包含这 5 个部分。在有些 PPT 中可以酌情取消过渡页。

10.2.2 PPT 制作的流程

制作 PPT 时，很多人都是直接打开 PPT，填充内容，边想边写，写的过程中才考虑每一页的标题、上下页的逻辑关系……

PPT 虽然是一个很好的演示工具，但它并不适合整理思路。PPT 是观点展示，是辅助演示，是持续吸引观众注意力的视觉工具，是为达成沟通说服目的的辅助工具。

好的 PPT 不仅要让自己满意，也要让别人满意。只有充分沟通，弄清楚演讲者、观众以及 PPT 自身的需求，才能做出一份令大家满意的 PPT。

第 1 步：明确主题和用途

在制作 PPT 之前，首先要考虑的就是 PPT 要表达的主题、用途是什么。

明确 PPT 要表达的主题和用途的最终目的是方便我们确定 PPT 的结构。例如，要向客户推广新产品，那么 PPT 要表达的主题就是新产品，PPT 的用途就是推广。

第 2 步：确定主题结构

一个完整的 PPT 可能包含几个或十几个甚至更多的页面，观众只有连贯阅读这些页面，才能完整了解 PPT 所要表达的内容。所以从 PPT 内容的结构和形式上来看，PPT 就像一篇完整的文章，有题目，有目录，有正文，有结尾。

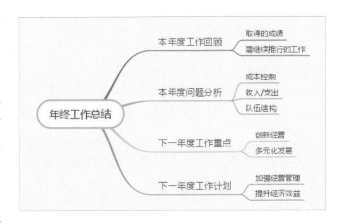

在确定 PPT 的主题结构时，我们可以通过思维导图的形式，先根据主题确定思维导图，然后将思维导图中的内容对应匹配到 PPT 页面的框架文案和要点上，即可得到 PPT 的结构框架。

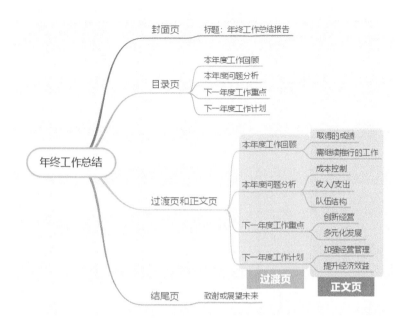

▲ 年终工作总结 PPT 结构框架

第 3 步：梳理文案

PPT 的文案多来源于 Word 文档，这就意味着我们要面临很多文字。拿到文案，需要先根据 PPT 的主题结构对文案进行提炼和梳理，找出核心观点。

对文案进行提炼和梳理，首先可以让观众更高效地吸收信息，快速地抓住 PPT 的重点；其次，文字少一些更便于我们对 PPT 进行设计。

第 4 步：确定风格

确定风格主要是指确定 PPT 的设计风格。这一方面决定于 PPT 的主题，另一方面决定于观众。

例如，如果 PPT 的主题是工作总结，则通常使用商务风格的；如果使用卡通风格的，就会显得不专业、不严谨。

再如，如果 PPT 是一份课件，观众如果是成年人，可以使用简约风格的；但是观众如果是幼儿园的小朋友，简约风格的 PPT 就很难抓住观众的视线了。

第 5 步：制作幻灯片

PPT 的主题、文案和风格确定好之后，接下来就可以动手制作了。在制作的过程中，我们要善于"偷懒"。

通常一个完整 PPT 中各页面的背景是相同的，我们可以直接创建一个母版，在母版中设置背景，这样就可以省去反复设置背景的麻烦。

封面页、目录页和结尾页通常都只有一页，可以直接制作；过渡页和正文页的内容比较多，而且通常页眉和页脚是相同的，可以使用母版制作相同的内容，然后制作相关页的时候直接选用母版即可。

第 6 步：检查并保存

无论做任何工作，都不仅要做到善始，更要做到善终。PPT 做得再好，最后不保存也等于零。因此，在做完 PPT 之后，一定要记得保存。

另外，在保存 PPT 时，建议同时保存一份 .pptx 格式和一份 .ppt 格式，因为我们不能确定使用 PPT 的电脑上的软件版本，保留两种版本的 PPT 可以保证文件在我们需要的时候能顺利打开。

第11章

PPT 实操术

当我们将PPT的文案准备好之后，接下来就需要使用PPT将这些文案进行排版规划，将文案完美地展现出来。

关于本章知识，本书配套教学资源中有相关的素材文件及教学视频，读者也可以扫描书中的二维码进行学习。

11.1 快速调整 PPT 中的文字

文字可以说是 PPT 中使用最多的一种元素了，PPT 要想有说服力，恰当的文字处理是必不可少的。如何将 PPT 中的文字设置得美观、易读且重点突出呢？下面介绍几种常见的文字处理的方法。

11.1.1 对大段文字的整理

在制作 PPT 的时候，我们经常会遇到这种情况：PPT 中有大段文字，而这些文字又不能删减。

例如，下面就是一页有大段文字的 PPT。

> 大数据的特征
> ①聚合在一起供分析的数据规模非常庞大。目前，每18个月新增数据量是人类有史以来全部数据量的总和。②从数据格式上分为文本、图片、音频、视频等；从数据关系上分为结构化、非结构化、半结构化数据。③一般必须在数秒内给出分析结果，时间太长就失去了意义和价值。④大数据背后潜藏的价值巨大，但是价值密度低，如同浪里淘沙却又弥足珍贵。

这种情况下，为了使观众能有一个比较舒服的阅读体验，首先我们要梳理文字间的逻辑关系。

扫码看视频

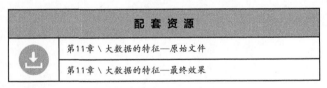

配 套 资 源
第11章 \ 大数据的特征—原始文件
第11章 \ 大数据的特征—最终效果

1. 梳理文字间的逻辑关系

梳理文字间的逻辑关系，首先需要对大段文字进行分段。

很明显，这段文字描述的是大数据的 4 个特征，那么"大数据的特征"就可以作为该页 PPT 的标题，而下面的大段文字，则可以按照每个特征一段的原则，将其分为 4 段。

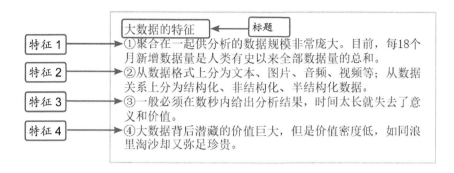

梳理完成后，它们之间的逻辑关系就非常清晰了。当前 PPT 中的大段文字可以分成 4 部分，这 4 部分之间是并列关系。

2. 通过设置段落与字体格式引导视觉

对于有大段文字的 PPT，最简单的引导观众视觉的方法就是设置段落格式。

○ 绘制文本框

目前，标题以及 4 段文字都挤在一起，无法直观看出来它们的关系，因此，可以将这些文字分别放到 5 个文本框中，加大各段间的空隙。在 PPT 中绘制文本框的具体操作步骤如下。

STEP 01 打开本实例的原始文件，将文字的逻辑关系梳理完成后，**1**切换到【插入】选项卡，**2**在【插图】组中单击【形状】按钮，**3**在弹出的下拉列表中单击【基本形状】中的【文本框】选项。

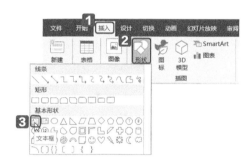

STEP 02 这时鼠标指针变成 ↓ 形状，将鼠标指针移动到合适的位置，按住鼠标左键进行拖曳，即可绘制一个文本框，将PPT的标题复制到该文本框中。

STEP 03 按照相同的方法，分别将大数据的4个特征依次复制到4个文本框中，最后删除原有的大文本框。

大数据的特征

①聚合在一起供分析的数据规模非常庞大。目前，每18个月新增数据量是人类有史以来全部数据量的总和。

②从数据格式上分为文本、图片、音频、视频等；从数据关系上分为结构化、非结构化、半结构化数据。

③一般必须在数秒内给出分析结果，时间太长就失去了意义和价值。

④大数据背后潜藏的价值巨大，但是价值密度低，如同浪里淘沙却又弥足珍贵。

○ 提取关键字

由于各段的文字相对较多，为了方便阅读，还需要提炼每一段的关键字，从各段文字中都提取出几个关键字，这样观众在阅读的时候，可以先通过关键字了解段落的内容；如果对关键字感兴趣，可以再继续阅读下面的详细内容。

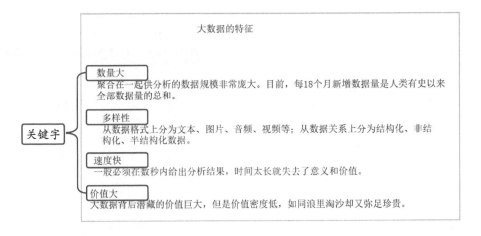

○ 设置行距

在 PPT 中默认文字的行距为单倍行距，即行间距为1，这样的行间距看起来会略显得拥挤，容易让人产生视觉疲劳。为了让观众阅读起来更轻松，可以适当调整段落文本的行间距，例如将行间距调整为 1.3 倍行距。

STEP 01 ❶按【Ctrl】+【A】组合键，选中PPT中的所有文本，❷切换到【开始】选项卡，❸单击【段落】组右下角的对话框启动器按钮。

STEP 02 弹出【段落】对话框，❶切换到【缩进和间距】选项卡，❷在【行距】下拉列表中选择【多倍行距】选项，❸然后在其右侧的微调框中输入"1.3"，❹单击【确定】按钮，即可将PPT中文字的行间距调整为1.3倍行距。

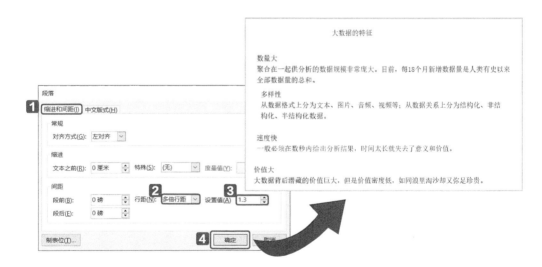

○ 设置字体格式

在第 10 章第 1 节 PPT 制作的误区中，已经介绍过，在 PPT 中通常使用微软雅黑等无衬线字体。接下来就把 PPT 中的文字设置为微软雅黑字体。

STEP 按【Ctrl】+【A】组合键，选中PPT中的所有文本，**1**切换到【开始】选项卡，**2** 在【字体】组中的【字体】下拉列表中选择【微软雅黑】选项，即可将所有文本设置为微软雅黑。

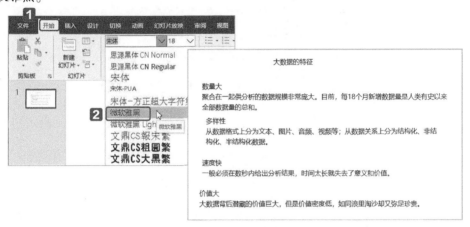

● 设置字体大小、颜色和字形

由于当前 PPT 中只有文字，字体大小和颜色都一致，会导致观众在阅读过程中抓不住重点，因此，可以适当调整字体格式，使重要信息更容易被找到、被记住。

在当前 PPT 中，需要被观众记住的内容主要是标题和关键字，而标题、关键字和正文的层级关系应该是标题→关键字→正文，因此它们的字体应该是由大到小的关系。在PPT 中，相邻层级之间的字体大小一般相差 6 个字号左右即可，这样既可以看出明显的层级关系，又不至于字体太大，显得突兀。

STEP 01 PPT中的文字原来都是18号，关键字作为第2层级的文字，可以设置为24号。借助【Ctrl】键，选中PPT中所有的关键字，在【字体】组中的【字号】文本框中输入"24"即可。

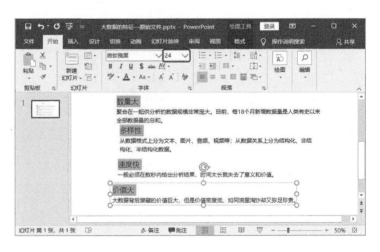

只是调整字体大小，不同层级之间的文字对比可能还不够强烈，我们可以通过调整字形和字体颜色来加强它们之间的对比。

STEP 02 在【字体】组中单击【加粗】按钮，即可将选中的文本加粗。单击【字体颜色】按钮右侧的下拉按钮，在弹出的颜色面板中选择一种合适的颜色，即可将文本设置为选择的颜色。

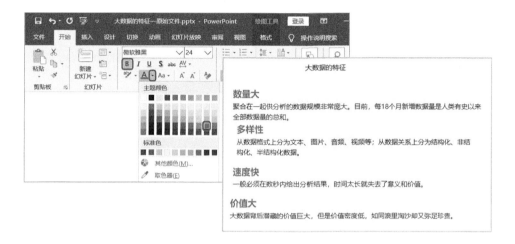

STEP 03 按照相同的方法，将标题的字体大小设置为30号，并加粗显示。

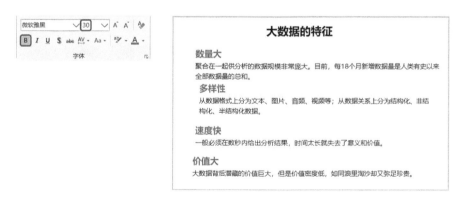

改动之后，不同层级文字之间有了大小、颜色对比，但是各层级文字都比较突出，怎么办？可以将正文设置为灰色，弱化正文文字。

STEP 04 借助【Ctrl】键，选中PPT中所有的正文文字，在【字体】组中单击【字体颜色】按钮右侧的下拉按钮，在弹出的颜色面板中选择一种灰色，即可将其应用到正文文字。

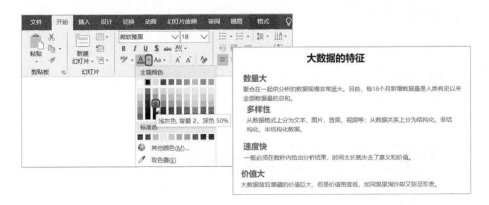

设置对齐方式

在 PPT 中，对齐是非常重要的，如果没有对齐，会给人一种零乱的感觉。尤其是文字比较多的时候，对齐显得尤为重要。

文本的对齐可以分为两种，一种是文本在文本框中的对齐，另一种是文本框的对齐。通常情况下，这两种对齐方式需要同时设置。例如在当前 PPT 中，要设置 PPT 标题相对于页面居中对齐，那么不仅需要设置文本框相对于页面对齐，还需要同时设置文本在文本框中居中对齐。具体操作步骤如下。

STEP 01 选中标题文本框，**1**切换到【绘图工具】栏的【格式】选项卡，**2**在【排列】组中单击【对齐方式】按钮，**3**在弹出的下拉列表中选择【水平居中】选项，即可使标题文本框相对于页面水平居中对齐。

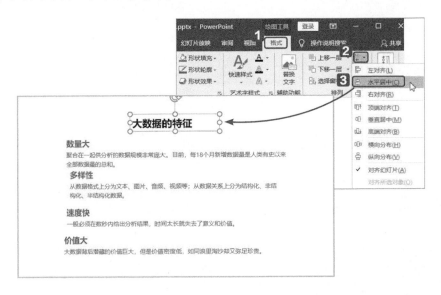

虽然文本框相对于页面水平居中对齐了，但是由于文本框中的文字默认相对于文本框是左对齐的，因此，目前标题文本相对于页面还是偏左的，我们需要将其设置为相对于文本框水平居中对齐，这样才能使标题文本相对于页面水平居中对齐。

STEP 02 选中标题文本框，**1**切换到【开始】选项卡，**2**在【段落】组中单击【居中】按钮，即可使标题文本相对于文本框水平居中对齐。

标题设置对齐之后，接下来设置正文的对齐。正文有 4 个文本框，且是纵向排布的，通常需要设置文本框的宽度一致，使其看起来更整齐。

STEP 03 选中正文4个段落的文本框，**1**切换到【绘图工具】栏的【格式】选项卡，**2**在【大小】组的【宽度】微调框中输入合适的宽度，例如输入"26"，即可将文本框的宽度都设置为26厘米。

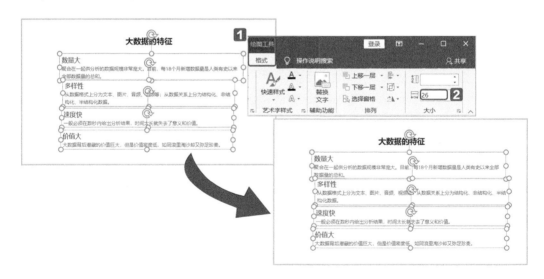

设置多个文本框的对齐方式时，一定要先确认是多个元素之间的对齐还是多个元素相对于页面的对齐。

STEP 04 **1**在【排列】组中单击【对齐】按钮，**2**在弹出的下拉列表中选择【对齐幻灯片】选项，**3**再次单击【对齐】按钮，**4**在弹出的下拉列表中选择【水平居中】选项，即可使选中的4个文本框相对于页面水平居中对齐。

当 1 个 PPT 页面中有多个文本段落时，不仅要将文本框对齐，还应使文本框等距分布在 PPT 页面中。

STEP 05 ①在【排列】组中单击【对齐】按钮，②在弹出的下拉列表中选择【对齐所选对象】选项，③再次单击【对齐】按钮，④在弹出的下拉列表中选择【纵向分布】选项，即可使4个文本框纵向等距分布。

3. 添加形状，展现文本关系

设置完段落字体格式后，为了使各段间的并列关系更加明显，可以为文本添加圆形、矩形、圆角矩形等形状，如右图所示。

在为文本添加形状的过程中，要时刻记住：文本要对齐，元素之间要对齐，元素相对于页面也要对齐。具体操作步骤如下。

STEP 01 绘制一个圆角矩形。**1**切换到【插入】选项卡，**2**在【插图】组中单击【形状】按钮，**3**在弹出的下拉列表中单击【矩形】中的【矩形：圆角】选项，鼠标指针变成↓形状，将鼠标指针移动到合适的位置，按住鼠标左键进行拖曳，即可绘制一个圆角矩形。

STEP 02 选中绘制的圆角矩形，单击鼠标右键，**1**在弹出的快捷菜单中选择【设置形状格式】选项，弹出【设置形状格式】任务窗格，**2**在【填充】组中选中【无填充】单选钮，**3**在【线条】组中选中【实线】单选钮，**4**单击【颜色】按钮，在弹出的颜色面板中选择一种合适的颜色，**5**然后通过【宽度】微调框调整圆角矩形线条的宽度。

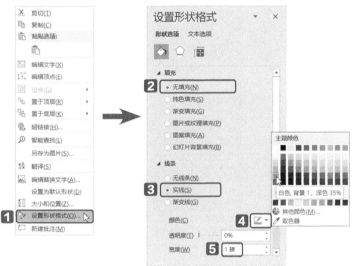

STEP 03 复制3个相同的圆角矩形，并粗略调整4个圆角矩形的位置，然后选中4个正文文本框，将其宽度调整得比圆角矩形的宽度略小，再将4个文本框放入4个圆角矩形中。

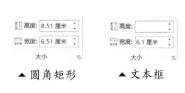

▲ 圆角矩形 　　 ▲ 文本框

STEP 04 选中4个圆角矩形，将4个圆角矩形顶端对齐；再选中4个文本框，将文本框顶端对齐；然后依次设置对应的圆角矩形和文本框水平居中对齐。

STEP 05 选中第1个圆角矩形和文本框，单击鼠标右键，在弹出的快捷菜单中选择【组合】→【组合】选项，将其合并为一个整体。按照相同的方法，将其他对应的圆角矩形和文本框合并为一个整体。

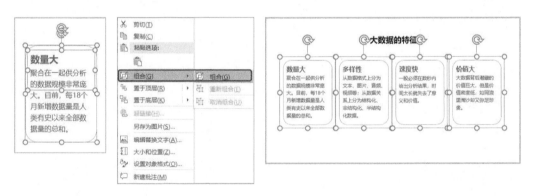

STEP 06 ❶选中合并后的4个整体，单击【对齐】按钮，在弹出的下拉列表中选择【横向分布】选项，使其横向等距分布，❷然后将4个整体合并为1个大的整体，❸最后将正文相对于页面水平居中对齐。

STEP 07 为了美观，将正文中的关键字居中对齐，最终效果如右图所示。

STEP 08 为了避免页面单调，还可以在页面中添加其他形状，并调整标题的位置。

11.1.2 突出重点文字

在 PPT 中展现信息时，如果想要突出显示某些文字，最常用的方法有两种：一种是通过调整字体格式，将字体字号增大、字体加粗，调整字体颜色等，例如上一小节中对关键字的处理；另一种方法就是在文字的底部添加一个与字体颜色反差比较大的形状，例如，下面这行文字，我们想要凸显"突出"两个字，就可以在文字底部添加一个红色矩形，然后将文字反白显示。

怎样突出重点文字

具体操作步骤如下。

配　套　资　源
第11章 \ 突出重点文字—原始文件
第11章 \ 突出重点文字—最终效果

扫码看视频

STEP 01 打开本实例的原始文件，为了避免添加形状后前后文字过于紧密，可以先在需要添加形状的文字前后各添加一个空格，然后在文字上方绘制一个大小合适的矩形。

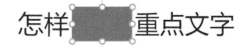

STEP 02 1切换到【绘图工具】栏的【格式】选项卡，2在【形状样式】组中单击【形状填充】按钮的右半部分，在弹出的下拉列表中选择一种合适的颜色，3例如选择红色，4单击【形状轮廓】按钮的右半部分，5在弹出的下拉列表中选择【无轮廓】选项。

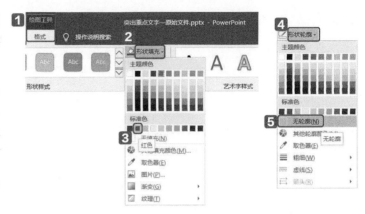

STEP 03 默认添加的形状是在文字顶层的，需要将其置于底层。在【排列】组中单击【下移一层】按钮的下半部分，在弹出的下拉列表中选择【置于底层】选项，即可将添加的形状置于文字底层。

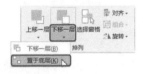

STEP 04 在文字底部增加色块之后，通常还需要对文字颜色进行适当调整，使对比更强烈，例如此处我们可以将文字颜色设置为白色。

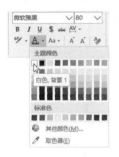

11.2 完美配色

在 PPT 的设计过程中，配色是一个非常重要的环节，配色好坏对 PPT 的视觉效果有巨大影响。

11.2.1　配色的原则

一个好的 PPT，往往需要一个好的配色方案。所谓配色方案，即不同色彩的最优组合。配色不能随心所欲，需要遵循一定的原则。

1. 确定 PPT 的主色调

在选择 PPT 配色时，第一步是要确定一种主色调，因为如果 PPT 设计过程中没有一个统一的色调，就会显得杂乱无章。

不同的颜色带给人的视觉感受是不同的，暖色（红色、橙色、黄色等）传达出的气质为喜庆、温暖、家庭、活泼、快乐等；冷色（蓝色、靛色、紫色等）传达出的气质为商业、科技、专业、清爽等。

比如，节日庆典的主题偏向喜庆气质，主色调就可以选用红色或者橙色；商业报告主题的商业气质明显，主色调可以选择蓝色。

2. 对比性原则

对比色因为色彩有明显的差异，可以形成视觉上的鲜明对比，产生协调感，在 PPT 中，为了让页面上的内容看起来更清晰，通常会将背景与内容的颜色设置为对比色。也就是说浅色背景配深色内容，深色背景配浅色文字，例如白底黑字、蓝底白字等。

切记不要出现浅色背景配浅色文字、深色背景配深色文字的情况。

3. 一致性原则

在确定了 PPT 的配色方案后，PPT 的所有页面就都要沿用这些配色，这样制作出来的 PPT 看起来才更和谐、更美观。

11.2.2　如何确定 PPT 的配色

了解了 PPT 配色的基本原则之后，接下来介绍如何在遵循这些原则的基础上，搭配出让人愉悦的颜色。

1. 用好"主题颜色"

大部分用户并不擅长配色，这时可以使用 PowerPoint 系统自带的主题配色方案。
PowerPoint 2019 中内置了 23 套主题颜色方案。

主题颜色的设定会直接影响颜色面板中的颜色，也就限定了使用主题颜色的范围，从而在一定程度上保证配色质量。

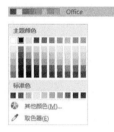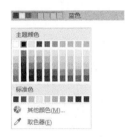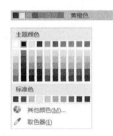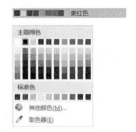

使用主题颜色制作 PPT 时，只需要根据主色调选择一种对应的主题颜色，PPT 中所有元素的颜色就都会自动变成新主题颜色中对应的颜色。

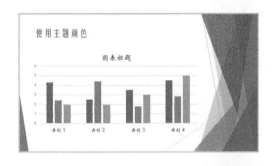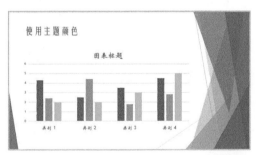

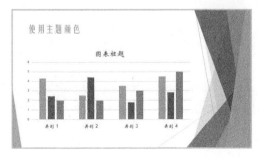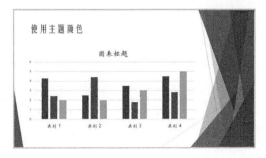

2. 特定颜色的获取

使用"主题颜色"进行 PPT 配色虽然相对安全,但是却不能满足所有 PPT 配色的要求。例如,很多企业设计 PPT 时,更愿意使用企业视觉识别 VI 设计(如 logo)中的颜色。

那么,如何才能精准地确定企业 VI 设计中所用颜色的色值呢?从 2013 版本开始,PowerPoint 增加了取色器功能,它可以轻松地获取屏幕上所见颜色的色值,而且可以直接将其填充到 PPT 的一切元素中。

下面我们通过一个具体实例来学习一下如何通过取色器轻松获得屏幕上颜色的色值。

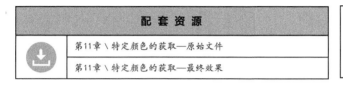

配 套 资 源
第11章 \ 特定颜色的获取—原始文件
第11章 \ 特定颜色的获取—最终效果

扫码看视频

例如,下图所示的 PPT 是神龙化妆品公司新产品推广的一个页面,在制作宣传 PPT 的时候,选择的模板的主色调是红色,而公司 logo 的颜色为粉色。为了使页面上的颜色看起来更和谐,我们需要将 PPT 的主色调换成右上角 logo 的粉色。

具体操作步骤如下。

STEP 01 打开本实例的原始文件,选中需要更换填充颜色的形状,**1**切换到【绘图工具】栏的【格式】选项卡,**2**在【形状样式】组中单击【形状填充】按钮的右半部分,**3**在弹出的下拉列表中选择【取色器】选项。

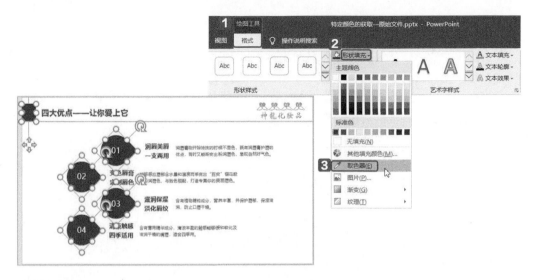

STEP 02 鼠标指针随即变成吸管形状，此时将鼠标指针移动到PPT右上角logo的粉色区域，即可显示出logo的色值。

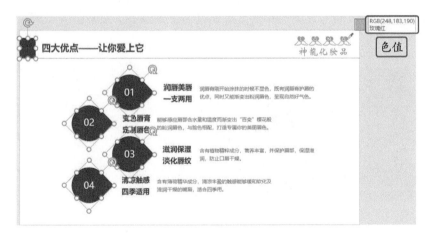

STEP 03 单击鼠标左键，即可将logo的颜色填充到所选形状中。

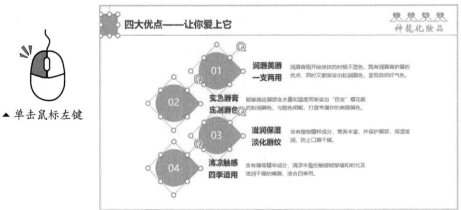

▲ 单击鼠标左键

STEP 04 字体颜色的设置与形状填充的方法一致，这里不赘述。

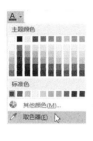
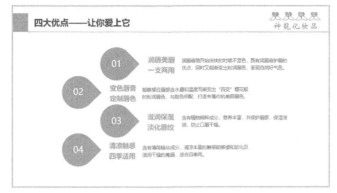

11.3 图文排版

文不如表，表不如图。人对于文字的理解远不如对图片的理解来得容易。

图片在 PPT 中也占有很重要的地位，是 PPT 中不可或缺的一种信息呈现方式，它可以更好地帮助我们传递幻灯片所需要展示的内容。

11.3.1 搜图的技巧

多数人做 PPT 最大的烦恼，不是如何将图片处理得好看，而是如何找到合适的、足够清晰的图片。因此，搜图技巧必不可少。

1. 搜索引擎自带的筛选功能

很多人习惯直接在搜索引擎中输入关键词（往往还是抽象的形容词）来搜索图片，结果搜索出来的图片质量参差不齐。

其实，搜索引擎中大都自带不错的筛选功能，可以筛选图片的尺寸、色调等。

例如，我们制作 PPT 时，需要一张图片做背景，直接搜索得到的图片尺寸大小不一，图片尺寸过小，放到 PPT 中显得模糊不清，十分影响 PPT 的整体效果。

但是，如果我们将图片搜索出来后，再通过搜索框下方的筛选项进行筛选，就可以将小尺寸的图片直接过滤掉，大大提高搜图效率。

2. 组合关键词搜索

前面我们介绍了通过筛选项来缩小搜图范围，以提高搜图效率的方法。除此之外，还可以通过为搜索词添加辅助关键词的方法来缩小搜图的范围。

例如，我们选定 PPT 的风格为古风，那么其中使用的背景图片也应该是类似风格，因此在搜索背景图片时，除了关键词"背景"之外，还可以添加辅助关键词"古风"，这样搜索出来的图片就会更贴近我们的需求。

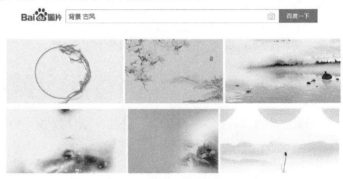

3. 联想关键词搜索

在搜图的过程中，常用的搜图技巧就是将比较抽象的关键词转化为更具体的事物。

例如，当需要在 PPT 中插入一张表现团结合作的图片，如果仅使用"团结合作"作为关键词搜索，搜索出来的图片风格迥异，不是很理想。

如果我们将关键词"团结合作"转化为更具体的事物，例如"握手"，搜索出来的图片风格就会比较统一。

另外，在搜图的过程中，还可以将关键词翻译成其他语言，用不同语言搜图，结果也大不相同。

例如，用关键词"商务"和"business"搜图的结果分别如右图所示。

11.3.2 使用图片的原则

在 PPT 中使用图片，是为了更好地传递信息，为 PPT 加分，所以，一定要遵循一定的使用原则。

PPT 中使用图片的基本原则，有以下 5 个。

1. 清晰度高

清晰度高的图片才能给人以好的质感，才能使 PPT 变得更好。

2. 尺寸大

电脑中数字化的图片根据存储机制的不同，通常可以分为两种类型——位图和矢量图。它们的区别在于，位图放大后会模糊不清，而矢量图则可以无损放大。

在 PPT 中使用的图片一般为 jpg 或 png 格式，属于位图，如果图片本身的尺寸比较小，那么插入 PPT 并放大之后，就有可能产生马赛克般的色块或锯齿状边缘。

3. 固定纵横比

在设计 PPT 的过程中，调整图片大小时，不能改变原始纵横比，将其拖曳变形。

4. 内容合适

图片所表现出的内容要与 PPT 所要表现的主题相匹配。配图的目的是帮助观众理解 PPT 的主题和内容，同时起到丰富画面的作用；如果本末倒置，插入的图片与 PPT 所要表现的主题内容丝毫不相关或者恰恰相反，那么就会适得其反。

比如 PPT 的主题是激情，那么就不能使用表现低沉情绪或者美食等与激情毫不相关的图片，而要放能表现激情的积极向上的图片。

5. 风格统一

这里所说的风格统一包含两个方面：一方面是图片与 PPT 主题风格的统一，另一方面是 PPT 中图片与图片之间风格的统一。

例如，如果制作的 PPT 是关于新科技产品宣传的，就可以选择科技风格的照片，绝对不能选择卡通风格的照片。

再如，一页 PPT 中如果已经插入了一张手绘风格的图片，那么就尽量不要再插入 3D 这种与手绘风格差异比较大的图片。

11.3.3 图片太多怎么排

当需要在 PPT 的一个页面中插入多张图片时，图片的排版就会变得相对复杂，因为插入的图片大小、形状可能各不相同，排版时却需要实现图片大小、形状、效果的统一。一张一张地调整图片的大小、形状和效果，费时费力，有没有什么方法可以快速地对多张图片进行排版呢？我们可以借助 SmartArt 的图片版式功能来快速实现。

扫码看视频

配 套 资 源
第11章 \ 图片1—素材文件~图片5—素材文件
第11章 \ 多图排版—原始文件
第11章 \ 多图排版—最终效果

在 PPT 中快速排版多张图片的具体操作步骤如下。

STEP 01 打开本实例的原始文件，❶切换到【插入】选项卡，❷在【图像】组中单击【图片】按钮，❸在弹出的下拉列表中选择插入图片来自【此设备】选项。

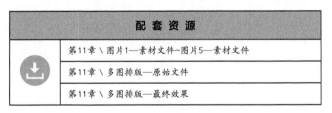

STEP 02 弹出【插入图片】对话框，找到素材图片所在的文件夹，**1**选中需要的所有图片，**2**单击【插入】按钮，即可将选中的素材图片全部插入PPT中。

STEP 03 **1**按【Ctrl】+【A】组合键选中所有图片，**2**切换到【图片工具】栏的【格式】选项卡，**3**在【图片样式】组中单击【图片版式】按钮，**4**在弹出的版式库中选择一种合适的版式，例如选择【题注图片】版式。

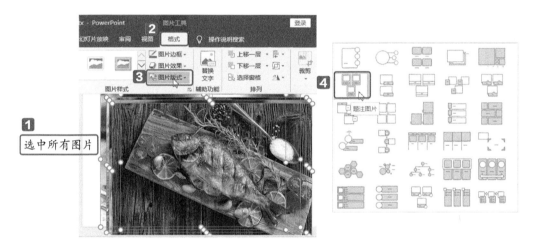

STEP 04 此时即可将PPT中插入的图片按照指定版式快速排版，效果如下图所示。

11.4 用好表格与形状

表格与形状也是 PPT 中不可或缺的元素，在 PPT 制作中，借助表格和形状不仅可以传递信息，而且可以使 PPT 页面更加丰富。

11.4.1 用好 PPT 表格

在 PPT 中应用表格时，多数情况下都是将表格做成如右图所示的样子。

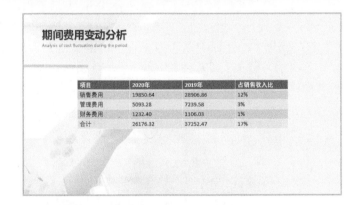

表格的主要作用是记录和展示数据信息，直接在 PPT 中插入的表格通常会给人一种粗制滥造的感觉，这时需要对其进行美化，使其符合 PPT 的视觉感受。

配 套 资 源
第11章 \ 用好PPT表格—原始文件
第11章 \ 用好PPT表格—最终效果

表格美化可以从以下几个方面进行。

（1）调整表格的行高和列宽。

（2）设置表格的对齐方式。

（3）设置表格的边框和底纹。

（4）设置表格的字体。

1. 调整表格的行高和列宽

PPT 中默认插入的表格的行高值都相对比较小，输入数据后，整体感觉比较拥挤；另外如果表格的行数和列数比较少，PPT 页面就会显得比较空。因此，在 PPT 中插入表格后，可以先根据 PPT 的页面适当调整表格的行高和列宽。

很多人喜欢直接通过鼠标拖曳的形式来调整表格的行高和列宽。使用这种方式调整行高没有问题，因为无论拖曳的是哪条行线，变动的都只有一行。

项目	2020年	2019年	占销售收入比
销售费用	19850.64	28906.86	12%
管理费用	5093.28	7239.58	3%
财务费用	1232.40	1106.03	1%
合计	26176.32	37252.47	17%

向下拖曳 变宽

项目	2020年	2019年	占销售收入比
销售费用	19850.64	28906.86	12%
管理费用	5093.28	7239.58	3%
财务费用	1232.40	1106.03	1%
合计	26176.32	37252.47	17%

▲ 拖曳调整列宽，只有一行的行高发生变化

但用这种方法调整列宽时，如果拖曳的是表格的内框线，框线一侧的列宽变宽的同时，另一侧的列宽就会变窄，两列的总列宽保持不变。

向左拖曳 变窄 变宽

项目	2020年	2019年	占销售收入比
销售费用	19850.64	28906.86	12%
管理费用	5093.28	7239.58	3%
财务费用	1232.40	1106.03	1%
合计	26176.32	37252.47	17%

项目	2020年	2019年	占销售收入比
销售费用	19850.64	28906.86	12%
管理费用	5093.28	7239.58	3%
财务费用	1232.40	1106.03	1%
合计	26176.32	37252.47	17%

▲ 拖曳内框线，框线相邻两列的列宽都会改变

要同时快速调整表格中的所有行高和列宽，可以在【表格工具】栏中设置单元格的高度和宽度值，然后适当调整表格在PPT中的位置。

2. 设置表格的对齐方式

PPT 中默认插入的表格中的内容是水平左对齐、垂直靠上对齐的，视觉效果不太好，可以通过表格工具栏来调整表格内容的对齐方式。例如将当前表格的对齐方式设置为水平居中对齐、垂直居中对齐。

选中整个表格，切换到【表格工具】栏的【布局】选项卡，在【对齐方式】组中单击【居中】按钮和【垂直居中】按钮，即可将表格中的内容设置为水平居中对齐、垂直居中对齐。

3. 设置表格的边框、底纹和字体

PPT 中插入的表格，系统默认是带有边框和底纹的，但是系统默认的边框和底纹不一定与我们确定的 PPT 风格一致，因此还需要根据确定的 PPT 风格对表格的边框和底纹进行设置。

在此之前，我们需要明确，边框和底纹的重要作用之一是强调数据。因此，边框和底纹不能随意设置，需要根据表格中数据的重要程度进行设置。只需要套用系统提供的现成的表格样式，然后进行一些修改即可。

STEP 01 选中整个表格，**1**切换到【表格】工具栏的【设计】选项卡，**2**在【表格样式】组中单击【其他】按钮。

STEP 02 弹出表格样式库，根据PPT的主题风格及颜色选择一种合适的表格样式，例如当前幻灯片选用的是简约风的工作总结报告，主题颜色是青绿色，那么在选择表格样式的时候，也要尽量选择简约风的，颜色当然是选择与主题颜色一致的青绿色，此处可以选择【中度样式3-强调2】。 应用样式后的效果如下图所示。

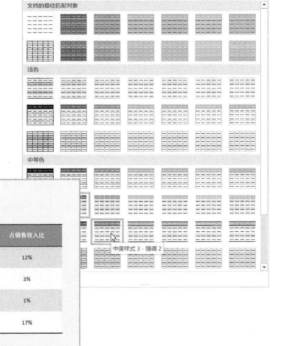

PPT 中表格的样式不仅包含了边框和底纹，还包含了字体的样式，因此应用样式后，还需要根据当前 PPT 的字体，更改表格中内容的字体格式。

STEP 03 选中整个表格，1切换到【开始】选项卡，2在【字体】组中的【字体】下拉列表中选择合适的字体，此处选择【微软雅黑】，3然后适当调整字体大小，此处将【字号】设置为【22】。

在 PPT 表格默认样式中，通常强调的只有标题，如果需要强调表格中的某一列或某一行，可以单独为该列（或行）设置底纹。例如需要特别强调"2020年"这一列，则可以单独为这一列添加青绿色底纹。

STEP 04 选中需要特别强调的列，切换到【表格工具】栏的【设计】选项卡，在【表格样式】组中单击【底纹】按钮的右半部分，在弹出的颜色面板中选择主题颜色【青绿，个性色2】。

STEP 05 这里需要注意的是，设置底纹后，还需要同步设置字体的颜色，使之与底纹相匹配。青绿色底纹属于深色背景，那么文字应该使用浅色，例如可以将文字设置为白色。

11.4.2 用好 PPT 形状

形状在 PPT 中随处可见，是 PPT 的重要组成部分，其作用不容小觑，堪称 PPT 设计的好帮手。在 PPT 中使用形状的好处是：无论将页面放大多少倍，形状也不会因此变模糊。在 PPT 制作中，形状有很多用途，如突出重点、为图片添加蒙版、规整不统一元素等。

1. 突出重点

在制作 PPT 时，有时为了突出某些文字信息，可以在文字底部添加一个填充颜色与文字颜色反差较大的形状，利用对比效果来凸显文字信息。例如本章 11.1.2 小节就是通过在文字底部添加了一个红色矩形来突出重点文字的。

2. 为图片添加蒙版

何为蒙版？简单理解就是给图片一种朦胧的感觉，实现图片整体或局部模糊的效果。

为图片添加蒙版最常用在 PPT 封面中，例如下图所示的 PPT，插入图片后，如果直接在图片上输入文字，文字是很难看清的。这时，我们只需在文字下方放置一层半透明的矩形，文字就可以清晰显示了，这就是蒙版的作用。

为图片添加蒙版的具体操作步骤如下。

配 套 资 源
第11章 \ 为图片添加蒙版—原始文件
第11章 \ 为图片添加蒙版—最终效果

扫码看视频

STEP 01 打开本实例的原始文件，❶切换到【插入】选项卡，❷在【插图】组中单击【形状】按钮，❸在弹出的下拉列表中单击【矩形】，随即鼠标指针变成黑色"十"字形状，按住鼠标左键，拖曳鼠标，绘制一个与PPT界面同等大小的矩形。

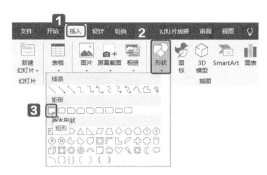

STEP 02 选中绘制的矩形，**1**切换到【绘图工具】栏的【格式】选项卡，**2**在【形状样式】组中单击【形状填充】按钮的右半部分，**3**在弹出的下拉列表中选择【其他填充颜色】选项。

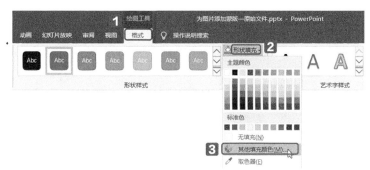

STEP 03 弹出【颜色】对话框，**1**切换到【自定义】选项卡，设置合适的颜色，然后将其透明度调整为合适的数值，**2**此处设置矩形框的颜色为黑色，**3**透明度为38%，**4**设置完毕单击【确定】按钮。

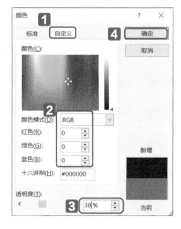

STEP 04 接下来设置边框形式为无边框。**1**在【形状样式】组中单击【形状轮廓】按钮的右半部分，**2**在弹出的下拉列表中选择【无轮廓】选项。

STEP 05 至此蒙版就设置完成了，在蒙版上层添加需要的文字即可。

3. 规范排版

形状在幻灯片中的第 3 个作用是实现版式的规范化。

在制作 PPT 的时候，经常会遇到元素不统一的情况（比如文字、图片），这个时候如果直接排版，幻灯片会显得很凌乱，如右图所示。

如果给每一部分加上一个相同的形状，效果就会好很多，页面整体会显得很规范。

4. 装饰页面

形状在 PPT 中的第 4 个重要应用是装饰页面。在 PPT 中，大多数的页面中都会有用来装饰的形状。

11.5 添加音频或视频

在 PPT 中，尤其是一些作为演讲辅助的 PPT 中，为了营造气氛，常需要增添一点背景音乐。

11.5.1 添加音频

在 PPT 中插入音频，最传统的方法是利用【插入】选项卡中的【插入音频】按钮，具体操作步骤如下。

配 套 资 源
第11章 \ 财务总结报告—原始文件
第11章 \ 财务总结报告—最终效果

扫码看视频

STEP 01 打开本实例的原始文件，**1** 切换到【插入】选项卡，**2** 在【媒体】组中单击【音频】按钮，**3** 在弹出的下拉列表中选择【PC上的音频】选项。

STEP 02 弹出【插入音频】对话框，**1** 找到音频文件并选中，**2** 单击【插入】按钮，即可将其插入 PPT 的当前活动页面中。

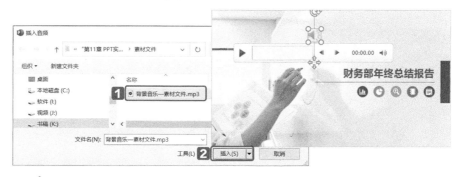

提 示

需要注意的是，音频插入 PPT 页面后，如果不加以设置，就只会在当前页播放，一旦翻页，音频就会中断。要想将其变为可以持续播放的背景音乐，需要对其进行以下设置。

STEP 03 在 PPT 页面中选中插入的音频小喇叭按钮，**1** 切换到【音频工具】栏的【播放】选项卡，**2** 在【音频样式】组中单击【在后台播放】按钮，随即【音频选项】组中的【跨幻灯片播放】【循环播放，直到停止】【放映时隐藏】复选框会被自动勾选，且【开始】条件变为【自动】。此时再播放幻灯片，插入的音频就变成了自动播放的背景音乐了，而且播放时，页面上的小喇叭按钮会被隐藏。

▲设置前　　　　　　　　　　　　　▲设置后

　　对于一些作为宣传使用或者纯演示用的 PPT，将插入的音频作为整个 PPT 的背景音乐循环播放是没有问题的；但是在一些报告或者课件类的 PPT 中，这样做势必会影响正常的汇报或讲课。能否使插入的音频只在指定页面范围内持续播放，超出范围后就自动停止呢？

　　例如在财务总结报告中，第 1 页为标题页，第 2 页为目录页，第 3 页为过渡页，这 3 页都可以设置背景音乐；但是第 4 页为具体报告的内容页，需要汇报者进行讲解，背景音乐会影响正常的讲解，因此需要在 PPT 播放到第 4 页时，停止播放背景音乐。具体操作步骤如下。

STEP 04 在【音频选项】组中取消勾选【循环播放，直到停止】复选框。

| 提 示 |

　　取消勾选【循环播放，直到停止】复选框，必须在音频设置为【在后台播放】的前提下进行。

STEP 05 ①切换到【动画】选项卡，②在【高级动画】组中单击【动画窗格】按钮，打开【动画窗格】任务窗格，③在动画列表中的【背景音乐】动画上单击鼠标右键，④在弹出的快捷菜单中选择【效果选项】选项。

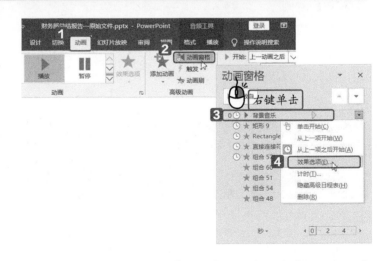

STEP 06 弹出【播放音频】对话框，系统自动切换到【效果】选项卡，在【停止播放】列表框中，将默认的在999张幻灯片后调整为在3张幻灯片后。

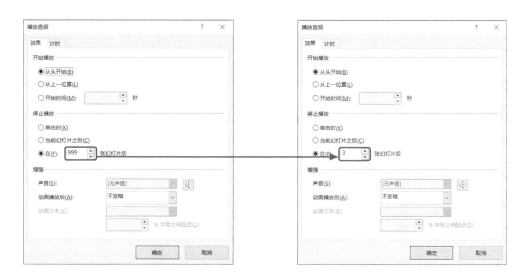

|提 示|

这里需要注意的是"在 xx 张幻灯片之后"中填写的数字不是幻灯片的页码，而是你想要音频持续播放的幻灯片的张数。

11.5.2 添加视频

在 PPT 中，不仅需要插入文字和图片，有时可能还需要通过视频来辅助讲解，例如在宣传产品时，经常会通过视频来演示产品的一些功能，达到文字和图片不能企及的效果。

如何在 PPT 中插入视频并编辑呢？本小节我们一起来学习一下。

配 套 资 源
第11章 \ 新书策划宣传—原始文件
第11章 \ 新书策划宣传—最终效果

扫码看视频

例如我们在做一份新书策划宣传的 PPT 时，可以在新书概述页添加一个有关新书的视频介绍，加深读者对新书的印象。

在 PPT 中插入视频的方法与插入音频的方法一致，只要将单击的按钮变为"视频"即可。

在 PPT 中默认插入的视频占满整个页面，会影响 PPT 内其他内容的展示，如右图所示。

因此，在 PPT 中插入视频后，还需要对视频进行一些简单的设置，使视频在不播放的时候隐藏，需要播放的时候再全屏播放。具体操作步骤如下。

STEP 01 打开本实例的原始文件，选中插入的视频，■切换到【视频工具】栏的【播放】选项卡，■在【视频选项】组中勾选【未播放时隐藏】和【全屏播放】复选框。

▲ 设置前

▲ 设置后

STEP 02 设置了【未播放时隐藏】和【全屏播放】后，PPT 在播放时是没有问题的，但是在设置PPT时，视频仍然会显示在PPT页面上，影响页面内其他元素的设置。可以用鼠标拖曳视频的控制点，将视频界面缩小，并将其移动到页面之外，如右图所示。

11.6 使用母版减少重复性工作

母版可以说是 PPT 制作过程中的一个利器。利用母版，可以省去很多重复工作。因为 PPT 中各个页面都会受到母版的影响，因此，可以把 PPT 中各页面都会出现的一些内容放到母版中，这样就不用在不同页面反复设置相同内容了。下面我们通过一个具体的实例来讲解母版的应用。

扫码看视频

配 套 资 源
第11章 \ 无
第11章 \ 财务总结报告01—最终效果

要使用母版，首先要调用母版视图。打开一个空白演示文稿，**1**切换到【视图】选项卡，**2**在【母版视图】组中单击【幻灯片母版】，即可进入幻灯片母版设置状态。

幻灯片母版与普通幻灯片的页面一样，也包含了很多版式，但是版式导航窗格中的第 1 个版式页是可以影响当前母版中其他所有页面的。例如，为第 1 个版式页设置背景，当前母版中的所有页就都会应用这个背景，如下图所示。

在幻灯片母版页中插入元素的方法与在普通页面中插入元素的方法一致，对于页面中需要反复出现的元素，直接将其插入母版页面中即可，例如封面和封底的插图、正文页的页眉。

提 示

这里需要注意的是，由于不同页面中的图片等元素可能是相同的，但是文字是不同的，在母版中只需确定文字的位置，因此对文字要使用占位符，而不是文本框。

母版设置完成后，关闭母版视图，返回普通视图，即可在幻灯片页面的可选择样式中选择母版中的样式。

第12章

PPT 动画放映及导出

动画可以使PPT更具灵动性，更能吸引观众的视线。

PPT制作完成后，按照需求进行放映、导出为指定格式也是非常重要的一部分，本章对此进行讲解。

关于本章知识，本书配套教学资源中有相关的素材文件及教学视频，读者也可以扫描书中的二维码进行学习。

12.1 新手也能做的炫酷动画

动画也是 PPT 设计中的一项重要内容，在 PPT 中添加合适的动画效果不仅可以有效增强 PPT 的动感与美感，为 PPT 的设计锦上添花，而且动画还可以达到某些静态内容无法实现的效果，起到画龙点睛的作用。

12.1.1 动画的分类

PPT 中的动画可以分为两大类：页面切换动画和元素的动画。

1. PPT 最简单的动画——页面切换动画

PPT 中最简单的动画就是页面切换动画。在设置页面切换动画时，只需选中要设置动画的页面，切换到【切换】选项卡，在【切换到此幻灯片】组中选择一种切换动画效果即可。

在【切换到此幻灯片】组中默认显示出的切换效果比较少，如果需要更多的切换效果，可以在【切换到此幻灯片】组中单击【其他】按钮，即可显示出系统提供的所有页面切换效果，如下图所示。

由上图可以看出，PPT 中包含了"细微""华丽""动态内容"3 类，共 40 多种切换动画效果，可以根据 PPT 的实际需求选用。

每一种切换动画都对应有不同的效果，在选定页面切换动画效果后，还可以通过单击【效果选项】按钮，选择不同的动画变化方式，如动画的方向、形式等。

除此之外，还可以通过【切换】选项卡【计时】组中的功能选项，调节页面切换动画的持续时间、换片方式等。

2. PPT 元素的动画

每个 PPT 页面中都包含有多种元素，如文字、图片、形状等，这些元素的重要程度很可能不同，如果一下子全部展现出来，就容易使观众找不到重点。这时可以为不同元素添加不同的动画效果，使其间隔出现在 PPT 页面中。

在 PPT 中为各元素添加动画的方法与为页面添加切换动画的方法差不多。选中需要设置动画的元素，切换到【动画】选项卡，在【动画】组中选择一种动画即可。

菜单栏中默认显示的动画数量有限，只显示了几种进入动画，单击【其他】按钮，展开动画种类，可以看到 PPT 中的各元素不仅有进入动画，还有强调动画、退出动画和动作路径动画。

（1）进入动画：在 PPT 页面中，元素刚刚生成时的动画。

（2）强调动画：元素已经生成，通过旋转、缩放、反差等形式让元素突出的动画。

（3）退出动画：元素退出页面时的动画。

（4）动作路径动画：元素已经生成，通过移动元素产生的动画。

如下页图所示。

在为 PPT 中的元素设置动画时，如果对当前面板中的动画效果都不满意，可以通过单击【更多进入效果】【更多强调效果】或【其他动作路径】选项，打开对应的动画窗格，显示所有动画。

12.1.2 对动画进行排列及编辑

在 PPT 中为各元素添加动画的目的是让观众能够更加直观地了解信息之间的内在联系和次序，因此不仅要为元素选择合适的动画类型，还应该合理地安排各动画的顺序。

动画窗格就是 PPT 动画的时间轴，在其中可以直观地看到每个动画出现的先后次序，动画窗格为我们调整动画的先后次序提供了很大的便利。

打开动画窗格的方法也很简单，只需切换到【动画】选项卡，在【高级动画】组中单击【动画窗格】按钮即可。

下面我们以一个具体实例，来介绍如何为 PPT 页面中的元素添加动画并进行设置。

配 套 资 源	
第12章 \ 财务总结报告—原始文件	
第12章 \ 财务总结报告—最终效果	

STEP 01 打开本实例的原始文件，**1**选中需要设置动画的元素，例如选中"目录"文字所在的文本框，**2**切换到【动画】选项卡，**3**在【动画】组中选择一种合适的动画，例如选择【淡化】进入动画。

STEP 02 添加动画之后，在目录文字所在的文本框左侧即出现一个数字1，此时打开【动画窗格】任务窗格，也可以看到添加的动画。

STEP 03 可以根据需要，在【动画】选项卡的【计时】组中对动画的开始时间、持续时间进行设置，也可以在【动画】组中对动画的效果选项进行设置。

STEP 04 如果PPT页面中有多个元素需要设置相同的动画，先同时选中这几个元素，然后在【动画】组中选择一种合适的动画即可。添加完成后，动画的效果、开始时间、持续时间也可以同时设置。设置完成后，可以按照相同的方法为目录序号和目录的具体内容设置动画。

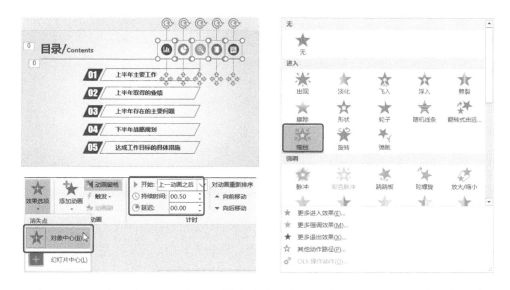

在 PPT 页面中，动画的顺序需要符合信息之间的逻辑关系，因此，在给各元素添加完动画之后，还要检查它们的顺序是否合理。

例如，在当前目录页中，按信息逻辑，目录的序号之后应该紧接着显示目录的具体内容。

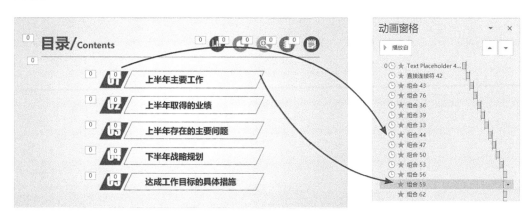

因此，我们需要调整目录的具体内容的动画顺序。

 选中目录中"上半年主要工作"对应的动画"组合59"，在【计时】组中，通过多次单击【向前移动】按钮，将动画"组合59"移动到动画"组合44"后面。也可以通过鼠标拖曳的方式，直接将动画"组合59"拖曳到指定位置。按照相同的方法调整其他动画的顺序。

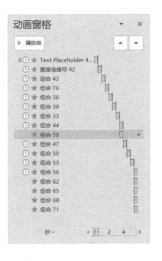

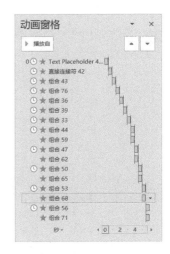

前面我们为各元素添加的动画都是比较单一的进入动画，如果需要在此基础上再添加强调或退出动画，就不能直接在【动画】列表中单击选择某一动画，而是需要通过【高级动画】组中的【添加动画】来增加。如果直接选择【动画】列表中的动画，就会替换该元素原来的动画。

例如，想为目录序号和内容添加强调动画，应该先选中页面中的目录序号和内容，切换到【动画】选项卡，在【高级动画】组中单击【添加动画】按钮，然后在弹出的列表中单击【强调】中的【透明】动画。

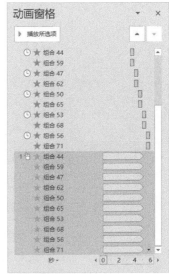

12.2 PPT 的播放和展示

大多数情况下，PPT 是需要播放展示的，那么 PPT 应该如何开始放映？如何按照一些指定的方式进行放映呢？

设置 PPT 开始放映的方式有很多种，按照放映方式开始的位置可以分为两种：一种是从头开始播放，另一种是从指定幻灯片开始播放。

1. 设置 PPT 从头开始播放

切换到【幻灯片放映】选项卡，在【开始放映幻灯片】组中单击【从头开始】按钮；或者直接按【F5】快捷键。

2. 设置 PPT 从指定幻灯片开始播放

首先选中开始播放的幻灯片，然后切换到【幻灯片放映】选项卡，在【开始放映幻灯片】组中单击【从当前幻灯片开始】按钮。

或者在任务栏中单击【开始播放】按钮。

也可以直接按【Shift】+【F5】组合键。

12.3 PPT 的输出分享

PPT 制作完成后，经常需要输出分享。在分享过程中，可以根据接收者的需求，将 PPT 导出为不同的格式，如图片、PDF 和视频等。

12.3.1 将 PPT 导出为图片

对于一些宣传类的 PPT，经常需要将其分享到朋友圈。如果直接分享 PPT，打开看的人会极少，所以，通常需要先将其转换为图片，然后再分享。将 PPT 导出为图片的具体操作步骤如下。

配 套 资 源
第12章 \ 新书策划宣传—原始文件
第12章 \ 新书策划宣传—最终效果

STEP 01 打开本实例的原始文件，**1**单击【文件】按钮，**2**在弹出的界面中单击【另存为】选项，**3**在【另存为】界面中单击【浏览】按钮。

STEP 02 弹出【另存为】对话框，找到需要保存的位置，**1**在【文件名】文本框中输入要保存的文件名，**2**在【保存类型】下拉列表中选择一种合适的图片格式，**3**然后单击【保存】按钮。

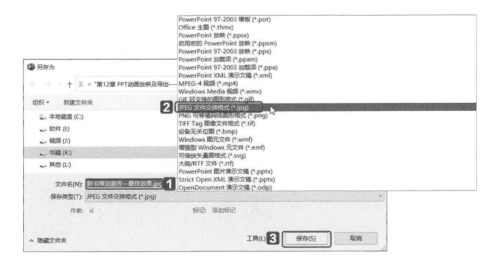

STEP 03 弹出【Microsoft PowerPoint】对话框，询问用户导出哪些幻灯片，此处单击【所有幻灯片】按钮，再次弹出【Microsoft PowerPoint】对话框，提示幻灯片保存的形式和位置，单击【确定】按钮。

STEP 04 打开幻灯片图片保存的文件夹，即可看到文件夹中增加了"新书策划宣传—最终效果"文件夹，打开此文件夹即可看到所有幻灯片的图片形式。

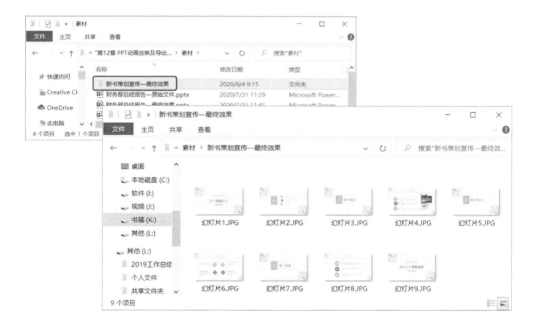

12.3.2 将 PPT 导出为 PDF

一些报告类的 PPT 通常需要分享给领导，为了避免 PPT 版本不同，造成版面的混乱，在分享 PPT 的同时，还可以同步分享一份 PDF。将 PPT 导出为 PDF 文件的方法与导出为图片的方法相似，都是通过另存为的方法导出。

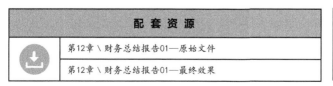

配 套 资 源	
	第12章 \ 财务总结报告01—原始文件
	第12章 \ 财务总结报告01—最终效果

扫码看视频

将 PPT 导出为 PDF 的步骤 1 与导出图片的步骤 1 相同，在步骤 2 中为文件输入文件名，并选择保存类型为【PDF(*.pdf)】。选择完成后，单击【保存】按钮，即可将 PPT 按指定文件名保存为 PDF 格式。

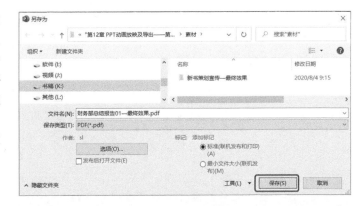

12.3.3 将动态 PPT 转换为视频

在制作 PPT 的时候，为了避免单调，很多 PPT 中都添加了动画、视频、音频等。如果将 PPT 转换为图片或 PDF，动画、视频、音频等就体现不出来了；如果想将 PPT 中的动画、视频、音频体现出来，可以将 PPT 转换为视频。

配套资源

第12章 \ 新书策划宣传01——原始文件

第12章 \ 新书策划宣传01——最终效果

将动态 PPT 转换为视频的步骤 1 与将 PPT 导出为图片、PDF 的步骤 1 相同，在步骤 2 中为文件输入文件名，并选择保存类型为【MPEG-4 视频 (*.mp4)】或【Windows Media 视频 (*.wmv)】。选择完成后单击【保存】按钮，即可将 PPT 保存为 MP4 格式或 WMV 格式。

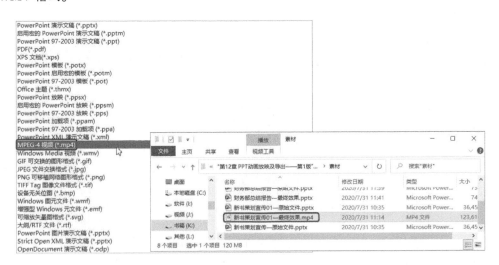

高手秘技

动画刷的妙用

PPT 中动画刷的功能与 Word 中的"格式刷"类似，利用它可以轻松快速地复制动画效果，大大方便了对不同对象（图像、文字等）设置相同的动画效果。具体操作请扫码观看视频。

配 套 资 源
第12章 \ 财务总结报告02—原始文件
第12章 \ 财务总结报告02—最终效果

扫码看视频

一键删除所有动画

如果要删除 PPT 中的动画效果，逐个操作太过麻烦。选中一页幻灯片，打开【动画窗格】，按【Ctrl】+【A】组合键一次性选择全部的动画效果。单击鼠标右键，在弹出的快捷菜单中选择【删除】选项，即可将当前幻灯片页面的动画全部删除。

第4篇

学会Photoshop，进阶为职场达人

第13章

办公必备PS技能

在日常办公中，我们常常因为抠个图、换个背景、做个证件照、去个水印等简单的图片处理问题，把自己弄得焦头烂额、一筹莫展。

如果能掌握一些Photoshop技能，将会大大提高办公效率。

关于本章知识，本书配套教学资源中有相关的素材文件及教学视频，读者也可以扫描书中的二维码进行学习。

13.1 Photoshop 界面介绍

我们需要新建或者打开一个文档，这样才能进入 Photoshop 的工作界面。

打开 Photoshop 后，会出现一个初始界面，如下图所示。

单击界面左上角的 ➊【文件】菜单，在其下拉列表中 ➋选择【打开】命令；或者直接单击 打开 按钮，弹出【打开】对话框，从电脑中（本例为 ➌ "本地磁盘 D"）➍选择一张图片，➎单击【打开】按钮，将西瓜图片在 Photoshop 中打开，如下图所示。

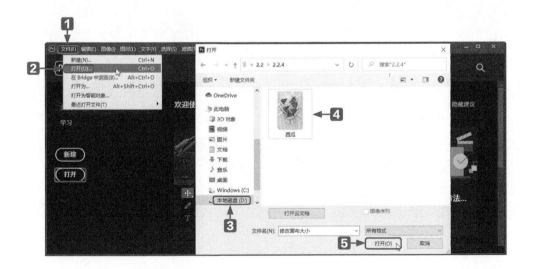

提 示

还有一种直接打开图片的方式：找到图片，按住鼠标左键，将图片直接拖进 Photoshop 工作界面中。

打开图片后的 Photoshop 工作界面如下图所示。

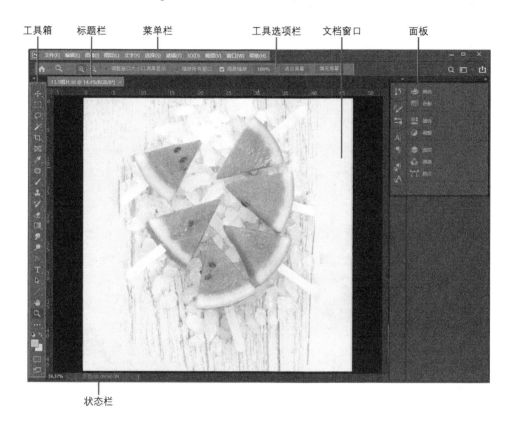

菜单栏：工作界面最上面的一栏为菜单栏，每一个菜单下包含了许多可执行的命令。例如，对图像的直接操作，如调色等命令都在【图像】菜单下；对图层的操作都在【图层】菜单下；对选取的操作都在【选择】菜单下。下图所示即为菜单栏。

工具箱：工具箱中包含了对图像进行编辑所使用的工具。根据用途不同可以分为五大类：①选择图像工具组；②编辑图像工具组；③作矢量图和绘画工具组；④文字工具；⑤辅助工具组。默认状态下的工具箱位于 Photoshop 工作界面的左侧。

把鼠标指针移动到任意一个工具按钮上停留片刻，会出现该工具用法的动态演示；在任意一个工具上单击右键，可以弹出隐藏工具的名称和快捷键信息。以套索工具为例，如下图所示。

  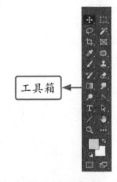

工具选项栏：工具选项栏是对工具箱里的工具按钮的精细设置。单击工具箱里的任意一个工具按钮，工具选项栏中会显示相对应的属性选项。套索工具和其所对应的工具选项栏如右图所示。

标题栏：标题栏的主要作用是显示文档的名称、格式、窗口缩放比例和颜色模式等信息，如下图所示。

当打开多个图像时，单击图像的标题栏名称可以在最前方显示相对应的图像，并且可以根据需要拖动标题栏，如下图所示。

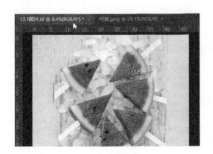 

面板：面板主要用来配合图像的编辑、对操作进行控制以及设置参数等。Photoshop 中有 20 多个面板，在菜单栏的【窗口】菜单中可以选择需要的面板并将其打开，也可将不需要的面板关闭。

常用的面板有【图层】面板、【通道】面板、【路径】面板。默认情况下，面板以选项卡的形式出现，并位于窗口右侧。

用户可以根据需要打开、关闭或自由组合面板，如下图所示。

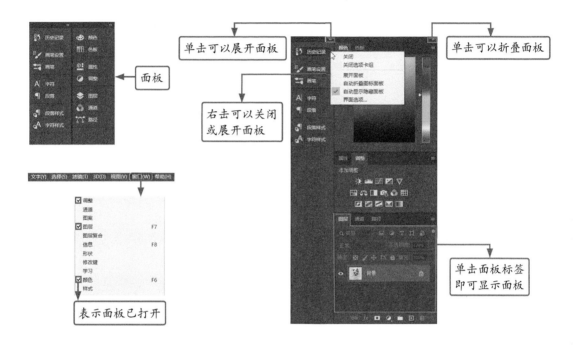

Photoshop 中的面板可以根据需要自由组合或分离。将鼠标指针停留在当前面板的标签上，用鼠标左键按住面板标签将其拖动到目标面板的标签旁，可以将其与目标面板组合；采用同样的方法也可以进行分离面板操作。下图展示了一个分离、组合的过程：将【调整】面板和【属性】面板分离，将【调整】面板移到【图层】面板（目标面板）右边，将【调整】面板与【图层】【通道】【路径】面板进行组合。

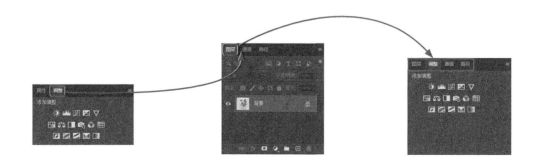

文档窗口：文档窗口是显示和编辑图像的区域。

状态栏：位于文档窗口左下角，可以显示文档的大小、文档的尺寸和窗口缩放比例等。最左边显示的是图像在窗口中缩放的比例。

提 示

在处理图像的过程中，我们可能会把面板调乱，单击【窗口】菜单中的【工作区】命令下的【复位基本功能】命令，就可以把界面恢复到初始状态。

13.2 三种简单的抠图方法

在日常办公中，有时我们需要选取图片中的部分内容作为素材，这时用 Photoshop 就可以轻松完成抠图，抠图是 Photoshop 中常用的功能，接下来让我们一起来学习。

扫码看视频

配 套 资 源
原始文件 \ 第13章 \ 13.2-1
最终效果 \ 第13章 \ 13.2-1

● 方法1：利用色彩差异进行抠图

当背景颜色为纯色并且要抠取的选区与背景颜色差别很大时，可以利用色彩差异进行抠图。Photoshop 中利用色彩差异抠图的工具有很多种，如工具箱里的快速选择工具、魔棒工具以及【选择】菜单下的【色彩范围】命令。下面以【色彩范围】命令为例讲解如何在纯色背景下抠取需要的部分。

STEP 01 在Photoshop中打开需要抠图的图片，如下页图所示。

STEP 02 在背景图层上单击鼠标右键，在弹出的菜单中①选择【复制图层】选项（组合键为【Ctrl】+【J】），在弹出的【复制图层】对话框中将图层命名为②"色彩范围抠图"，然后单击【确定】按钮，如下图所示。此时背景图层已经被复制了一份，接下来只对色彩范围抠图图层进行操作。

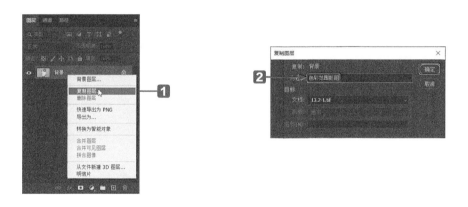

| 提 示 |

在 Photoshop 中对图片进行处理时，一般会先复制原图所在的图层，这样如果处理图片的过程中出现操作不当，无法恢复，就可以直接找到原图重新操作。

STEP 03 ①单击【选择】菜单，在其下拉列表中②选择【色彩范围】命令，在弹出的【色彩范围】对话框中，将鼠标指针放在图片纯色背景上，然后③单击鼠标吸取颜色，此时可以看到【色彩范围】对话框中形成黑白区域（白色为要保留的部分，黑色为要删除的部分），吸取的颜色范围区域变成白色，可以通过 增减吸管工具对黑白区域进行添加或者删减操作。4单击【反相】，此时黑白区域颠倒，调整【颜色容差】内的数值，使人物部分更白，人物以外的部分更黑，这里的5【颜色容差】数值为129，人物与背景的黑白对比很明显。单击【确定】按钮，此时人物被抠取出来形成选区，如下图所示。

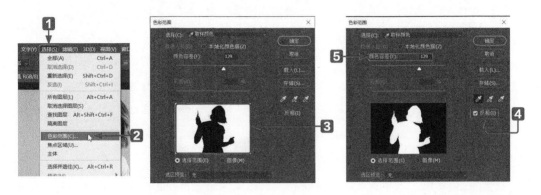

STEP 04 1按组合键【Ctrl】+【J】复制选区，2将背景图层和色彩范围抠图图层前面的小眼睛图标关闭，隐藏这两个图层，此时界面中被复制的选区即可显示出来，如下图所示。

STEP 05 1单击【文件】菜单，2在其下拉列表中选择【存储为】命令，在弹出的【另存为】对话框中3将文件的【保存类型】设置为PNG格式，4然后单击【保存】按钮，5在弹出的【PNG格式选项】对话框中根据需要选择合适的文件大小，然后单击【确

定】按钮，即可保存图片，如下图所示。

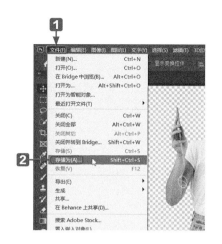
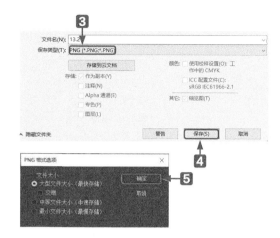

◉ 方法 2：利用多边形套索工具抠图

当要抠取的主体轮廓为线性时，适合采用多边形套索工具来抠图。下面以抠取图片中的洗衣机为例讲解如何用多边形套索工具抠图。

STEP 01 在Photoshop中打开需要抠图的图片，可以清楚地看到洗衣机的轮廓是线性的，但不是规则的矩形，如下图所示。

STEP 02 在背景图层上单击鼠标右键，在弹出的菜单中选择【复制图层】选项（组合键为【Ctrl】+【J】），在弹出的【复制图层】对话框中将图层命名为"多边形套索工具抠图"，然后单击【确定】按钮。此时背景图层已经被复制了一份，接下来只对多边形套索工具抠图图层进行操作。

STEP 03 单击工具箱中的多边形套索工具，此时鼠标指针变成多边形套索形状，按组合键【Ctrl】+【+】放大图片，以便对洗衣机进行精细抠图。放大图片后，找到洗衣机左上方的拐角处，**1**单击鼠标确定第一个点；**2**在下面转变方向点处单击鼠标确定第二个点；**3**在洗衣机左下方拐角处单击鼠标确定第三个点；**4**沿着洗衣机的外框在余下的拐角处依次单击；**5**最后将鼠标放在第一个点处单击。此时圈选的部分自动形成选区，如下图所示。

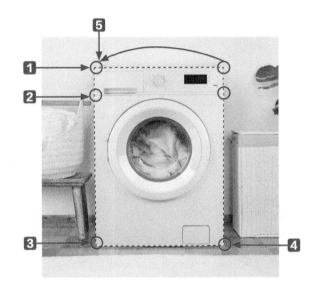

STEP 04 **1** 按组合键【Ctrl】+【J】复制选区，新增图层1；**2**然后将图层1下方的两个图层的小眼睛图标关闭，此时只有图层1显示出来，这样就完成了对洗衣机的抠图，如下图所示。

方法 3：利用磁性套索工具抠图

当要抠取的主体外形为不规则的形状，并且抠取的主体与背景之间的边缘清晰时，适合采用磁性套索工具来抠图。下面以抠取手提包广告照片中的手提包为例讲解如何用磁性套索工具来抠图。

STEP 01 在Photoshop中打开手提包广告图片，将其复制一层，并命名为"磁性套索工具抠图"。

STEP 02 单击工具箱中的磁性套索工具，此时鼠标指针变成磁性套索形状，将图片放大到可以看清手提包的细节，如下图所示。

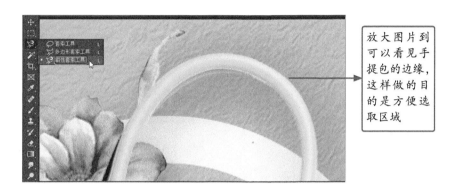

放大图片到可以看见手提包的边缘，这样做的目的是方便选取区域

STEP 03 在手提包与背景交界的任意位置单击，然后沿着手提包边缘慢慢移动鼠标指针，此时手提包的边缘出现很多方框套点（如果中间过程中出现失误，可以按键盘上的【Delete】键删除前一步的操作），沿着手提包边缘移动鼠标指针并单击，直到回到最初开始的点为止，**1**用鼠标单击最初的点，**2**此时套选的区域会自动形成闭合选区，如下图所示。如果最初的点没有跟最后选取的点重合，那么可按组合键【Ctrl】+【Enter】，使最初的点到最后的点之间形成选区。

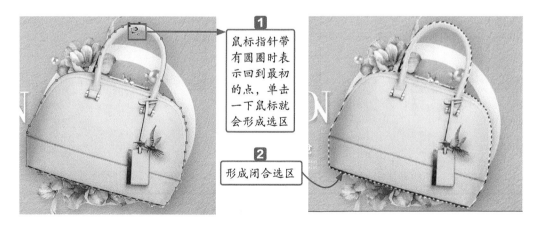

鼠标指针带有圆圈时表示回到最初的点，单击一下鼠标就会形成选区

2 形成闭合选区

STEP 04 按组合键【Ctrl】+【J】，复制选区，此时复制的选区为新增的图层1，关闭下面两个图层前面的小眼睛图标，图层1就显现出来了，如下页图所示。

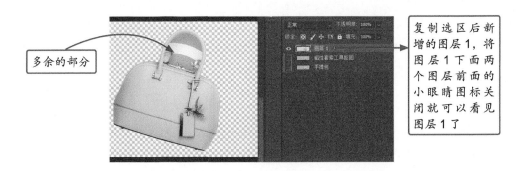

多余的部分

复制选区后新增的图层 1，将图层 1 下面两个图层前面的小眼睛图标关闭就可以看见图层 1 了

STEP 05 单击工具箱中的磁性套索工具，将手提包中多余的部分套选出来形成选区，按【Delete】键将选区里的内容删除。在套选选区的过程中如果多套选了，可以在工具选项栏中单击从选区中减去按钮，将多套选的部分从选区中删除；同样，如果少套选了，也可以在工具选项栏中单击添加到选区按钮，框选需要的部分并将其添加到选区，操作如下图所示。

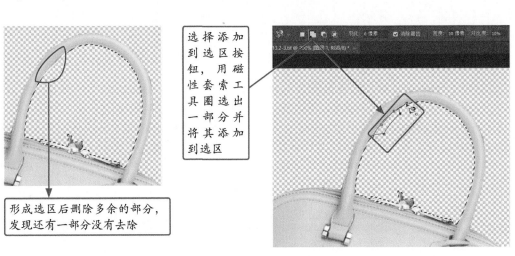

选择添加到选区按钮，用磁性套索工具圈选出一部分并将其添加到选区

形成选区后删除多余的部分，发现还有一部分没有去除

STEP 06 选择完选区后，按【Delete】键删除选区里的内容，然后按组合键【Ctrl】+【D】取消选区，这样手提包图片就抠取出来了。

提 示

仔细观察能够发现，套索工具、快速选择工具、魔棒工具、多边形套索工具、磁性套索工具的工具选项栏中都有调整选区的按钮，其中【选择并遮住】按钮 选择并遮住... 除了可以快速地识别主体外，还可以精细地调节选区边缘。当我们要抠取的主体不是那么容易抠选时，不妨试试使用【选择并遮住】按钮。

13.3 制作 2 寸电子证件照

在日常办公中经常用到电子证件照，当急需要证件照而手头又没有时，可以选取一张平时拍摄的半身照，在 Photoshop 中将其制作成电子证件照，非常便捷。接下来以制作 2 寸电子证件照为例来进行讲解。

配 套 资 源	
⬇	原始文件 \ 第13章 \ 13.3
	最终效果 \ 第13章 \ 13.3

扫码看视频

STEP 01 打开Photoshop，单击界面左上角的【文件】菜单，在其下拉列表中选择【新建】命令，在弹出的【新建文档】对话框中，**1**切换到【最近使用项】选项卡，**2**单击"自定"模板。**3**在右面预设详细信息栏中，自定义文档名称，如"新建的2寸大小文档"，设置文档宽度为3.5厘米，高度为4.5厘米，分辨率为300像素/英寸，颜色模式为RGB颜色，背景内容为透明，输入完成以后单击【创建】按钮，如下图所示。

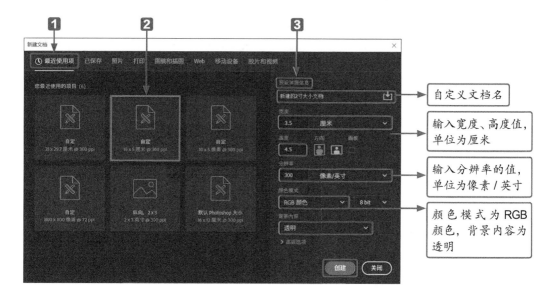

自定义文档名

输入宽度、高度值，单位为厘米

输入分辨率的值，单位为像素 / 英寸

颜色模式为 RGB 颜色，背景内容为透明

STEP 02 在2寸大小的文档中打开半身照图片，如右图所示。

STEP 03 **1**在【图层】面板中的背景图层上单击鼠标右键，**2**选择【转换为智能对象】选项。图片转换为智能图像后，清晰度不会随着图片的放大或缩小而改变。

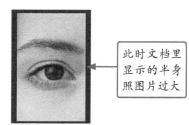

此时文档里显示的半身照图片过大

STEP 04 将鼠标指针放在文档窗口的图像上，**1** 按住鼠标左键将图像朝着"新建的2寸大小文档"标题栏的方向进行拖动，**2** 按住鼠标左键不放，直到鼠标指针在新建的2寸大小文档中显示为带有加号的图标█时释放鼠标，如下图所示。

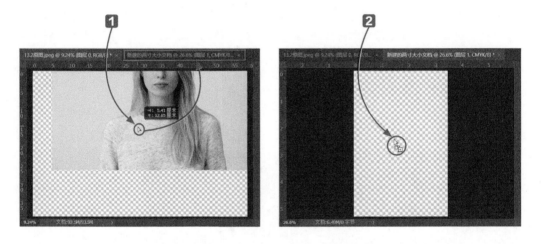

STEP 05 此时转化为智能图像的半身照进入了"新建的2寸大小文档"。但此时的半身照图片过大，如下面左图所示。

STEP 06 按组合键【Ctrl】+【T】对图片进行自由变换，调整图像在"新建的2寸大小文档"中的大小，此时图像上出现"自由变换框"，如下面右图所示。

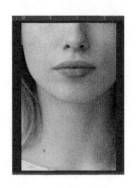 

STEP 07 将鼠标指针放到变换框内，按住鼠标左键不放，向右下方拖动图像，直到看见自由变换框的外框边缘，如下面的左图所示。

STEP 08 将鼠标指针放在变换框的拐角处，此时鼠标指针变为 形状。按住【Alt】键，同时按住鼠标左键向下拖动图像，使图像等比例缩小，如下面右图所示。

STEP 09 用鼠标左键向窗口内移动图像，直到图片中的人像在窗口中显示的大小合适为止，如下图所示。

第一次缩小后将图像下移，此时放开【Alt】键，将鼠标指针放在图像上，用鼠标左键向窗口内拖动图像，然后继续等比例缩放图像，直至人像在文档中显示的位置合适

等比例缩放完成后，人像在"新建的 2 寸大小文档"中的大小合适，但位置不合适，接下来只需要调整人像在文档中的位置即可

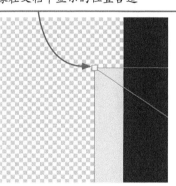 

STEP 10 调整图片在窗口中的位置，调整完以后按【Enter】键，此时"自由变换框"消失了，表示完成了自由变换操作，如下图所示。

调整人像在窗口中的位置

调整好位置后按【Enter】键，"自由变换框"消失

STEP 11 ①单击【文件】菜单，在下拉列表中②选择【存储为】命令，③在弹出的对话框中单击【保存】按钮，如下图所示。

STEP 12 如果保存类型为JPEG格式，则在保存的过程中会出现一个JPEG选项的对话框，如下图所示。此对话框的主要作用是调节图片的品质和文件大小。一般来说图片的品质越高，图片的清晰度也越好，文件也越大；反之亦然。单击【确定】按钮，2寸照片就制作完成了。

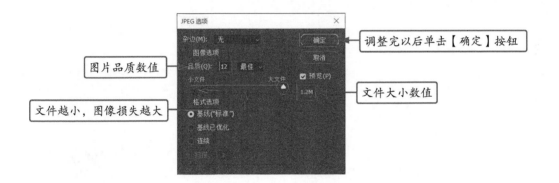

提 示

　　1.当存储格式为 PSD 时，在 Photoshop 中制作图片的过程也会被保存下来，这是 Photoshop 图像处理软件的专用格式；如果图片内容没有制作完成，PSD 格式是很好的一种存储方式。

　　2.当存储格式为 TIFF 时，图片是没有经过压缩处理的，图像品质高，但文件相对来说会比较大。一般在印刷产品或平面广告中会用到 TIFF 格式。

　　3.当存储格式为 JPEG 时，图片的质量会被压缩，但文件会比较小。这是一种常见的图像存储格式。

13.4 快速更换证件照背景

日常办公中我们经常会用到不同背景颜色的证件照，当工作急需红色背景证件照而手头只有蓝色背景证件照时怎么办？ 13.2 节中我们用【色彩范围】命令将人物抠选出来，这一节我们利用【选择并遮住】命令给人物证件照换背景颜色。下面以将证件照的蓝色背景更换成红色背景为例来进行讲解。

配 套 资 源	
原始文件 \ 第13章 \ 13.4	
最终效果 \ 第13章 \ 13.4	

扫码看视频

STEP 01 将蓝色背景证件照在Photoshop中打开，在【图层】面板中找到背景图层，在背景图层上单击鼠标右键，**1**选择【复制图层】，在弹出的【复制图层】对话框中**2**将复制的图层命名为"蓝色背景"，单击【确定】按钮，背景图层就复制完成了，如下图所示。

STEP 02 **1**单击背景图层前面的小眼睛图标，使背景图层不显示。单击蓝色背景图层，此时蓝色背景图层被选中，接下来只对蓝色背景图层进行操作。**2**在界面左侧的工具箱中的 图标上单击鼠标右键，在隐藏的工具选项中**3**单击快速选择工具，在工具选项栏中**4**单击【选择并遮住】按钮，此时窗口被放大，如下图所示。

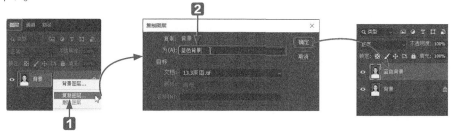

STEP 03 在工具选项栏中**1**单击【选择主体】按钮，此时系统自动将人物选取出来。**2**在界面右边的【属性】面板中将透明度调整为100%，此时人物的背景完全透明，人物主体被完美地抠选出来了。**3**勾选【净化颜色】复选框，可去除杂色，**4**选择输出到

【新建图层】，然后 5 单击【确定】按钮，此时图层面板中新增的蓝色背景拷贝图层即为抠选出的人物。如果单击【选择主体】按钮以后，系统自动抠选出的人物边缘有瑕疵，可以用调整边缘画笔工具 ✎ 增减选区，或用【属性】面板里的【半径】【平滑】等按钮进行数值的调整，使人物边缘更自然。此例中的人物被完美地抠选出来了，因此不用再继续调整其他参数。

STEP 04 新建图层，为图层填充红色。单击【图层】菜单，在下拉列表中选择【新建】下的【图层】命令（组合键为【Shift】+【Ctrl】+【N】），或者 1 直接单击图层面板下方的新建图层按钮 ▢ ，将新建的图层命名为"红色背景"，2 单击左侧工具箱下面的前景色面板 ▣ ，弹出【拾色器(前景色)】对话框，3 在对话框的颜色条中选择红色或者直接在RGB里输入数值"255，0，0"，然后单击【确定】按钮，此时前景色变成红色，如下图所示。

3 在颜色区域上单击选择红色或者直接在 RGB 里输入数值（以数值确定的颜色更准确一些）

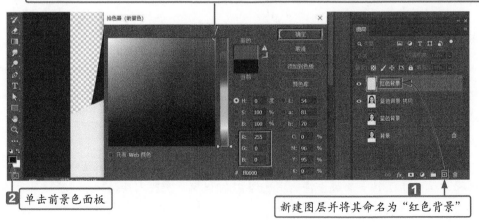

2 单击前景色面板

1 新建图层并将其命名为"红色背景"

STEP 05 ❶按组合键【Alt】+【Delete】，为红色背景图层填充前景色，此时红色背景图层被填充为红色，❷在图层面板中按住鼠标左键拖动红色背景图层，将其移动到蓝色背景拷贝图层的下方，此时人物的红色背景证件照就制作完成了，如下图所示。

1 给红色背景图层填充前景色　　**2** 移动红色背景图层到蓝色背景拷贝图层的下方

STEP 06 单击【文件】菜单，在其下拉列表中选择【存储为】命令，保存制作好的图片。

　　有时证件照原图可能带有很多发丝，不如该例子中人物头发边缘那么圆滑，这时可以先将要处理的原图中人物头发边缘修成和例子中人物头发边缘一样的圆滑，然后再对图片进行上述处理。

提 示

　　更换证件照背景颜色用到的方法主要是抠图，形成选区，然后替换选区的颜色。难点在于如何把人物抠选出来，以及如何完美地在人物与背景之间过渡。

　　梳理本次替换颜色的方法：①单击快速选择工具，在工具选项栏中选择【选择并遮住】按钮，单击【选择主体】按钮让系统自动选取人物，将抠选出的人物主体作为新图层输出；②新建一个红色背景填充图层，将其移动到人物图层下方。

　　抠图的方式有很多种，快速选择工具只是众多方式中的一种，抠图过程中很难将人物的所有毛发细节都抠取下来，因此要有选择地选取，最终达到预期效果即可。

　　在处理图像的过程中若需要撤销前一步的操作，可按组合键【Ctrl】+【Z】。

13.5 压缩图片尺寸

办公过程中常遇到一些图片因尺寸过大或者文件大小过大而无法上传，用Photoshop 可以轻松解决这一问题。

配 套 资 源	
原始文件 \ 第13章 \ 13.5	
最终效果 \ 第13章 \ 13.5	

STEP 01 在Photoshop中打开图片，**1** 单击【图像】菜单，在其下拉列表中 **2** 选择【图像大小】命令，弹出【图像大小】对话框。

STEP 02 可以看到图片的尺寸为宽度7074像素，分辨率（图像的清晰度）为300像素/英寸。勾选【重新采样】复选框，将【宽度】和【高度】之间的比例锁定，更改宽度值为5000像素，高度值也会随之改变，然后单击【确定】按钮，此时图片的尺寸就变小了，如下图所示。

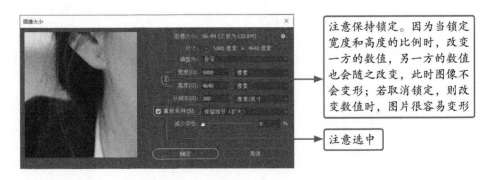

注意保持锁定。因为当锁定宽度和高度的比例时，改变一方的数值，另一方的数值也会随之改变，此时图像不会变形；若取消锁定，则改变数值时，图片很容易变形

注意选中

STEP 03 单击【文件】菜单下的【存储为】命令（组合键为【Shift】+【Ctrl】+【S】），保存图片。

STEP 04 如果保存类型选择了JPEG格式，会弹出一个【JPEG选项】对话框，用户可以根据需要调节图片品质和文件大小。当降低图片品质的数值时，其文件大小也会跟着变小，如下图所示。

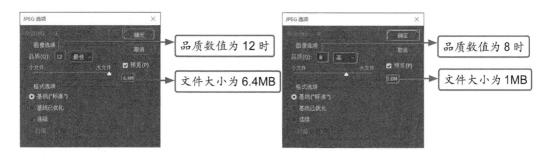

> **提 示**
>
> 如果取消勾选【图像大小】对话框里的【重新采样】复选框，那么无论调整图片的宽度、高度还是分辨率的值，其文件大小都不会改变。

13.6 去掉图片中的水印

日常办公中有时会遇到一些带有水印的图片，非常影响美观，这时可以用Photoshop 去掉水印。

⚫ **第一种：水印在简单背景图层上，周围色彩变化不大**

STEP 01 该例子的水印为图片上的文字。在Photoshop中打开带有水印的图片，**1**复制背景图层，命名为"去水印"。用鼠标单击选中去水印图层，**2**单击工具箱中的套索工具，**3**用套索工具圈选图片上带有文字水印的地方，形成选区，如下页图所示。

> **提 示**
>
> 根据水印的不同特点有多种去水印的方式，其中内容识别工具的工作原理是分析水印周围背景的特点去自然融合水印，比较适合去除背景不复杂的水印。

STEP 02 1单击【编辑】菜单，在其下拉列表中 2选择【填充】命令（组合键为【Shift】+【F5】），弹出【填充】对话框，在【内容】下拉列表中 3选择【内容识别】命令，4单击【确定】按钮，如下图所示。

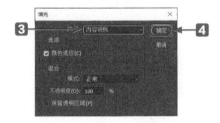

STEP 03 如下图所示，选区中的文字水印已融入周围背景，但融合效果有明显的痕迹。多次对该区域进行【内容识别】操作，可以发现水印区域与周围自然地融合在了一起。

STEP 04 单击【选择】菜单，在其下拉列表中选择【取消选择】命令，取消选区，就完成了去水印操作，效果如下页图所示。将图片进行保存即可。

◎ 第二种：水印在两种背景颜色上

STEP 01 该例子的图片水印为"神龙服饰"。在Photoshop中打开带有水印的图片，**1**复制背景图层，命名为"去水印"。**2**关闭背景图层前面的小眼睛图标，隐藏背景图层，目的是不影响查看作图效果，如右图所示。

STEP 02 **1**单击工具箱中的缩放工具 🔍 按钮，**2**在其对应的工具选项栏中单击放大工具按钮 🔍，将鼠标指针放在图像上并单击，将其放大到可以清楚地看清水印细节（放大图像的组合键为【Ctrl】+【+】），放大水印的目的是方便处理水印细节，如右图所示。

STEP 03 在 工具上单击鼠标右键，单击矩形选框工具，在水印所在的黄色部分按住鼠标左键，拖动鼠标形成矩形选区，注意要将选区与黄色块最右边对齐，如右图所示。

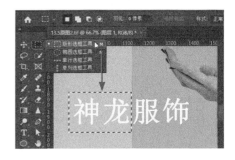

STEP 04 在工具箱中单击仿制图章工具 ，**1**按【Alt】键的同时按住鼠标左键（此时鼠标指针变成 ⊕ 标志），**2**在附近找到和文字水印背景颜色相同的黄色块区域，吸取**3**覆盖文字水印，**4**经过几次覆盖后选区内的文字就消失了，如下页图所示。

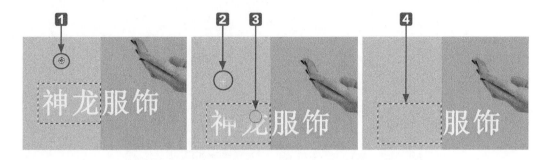

STEP 05 单击【选择】菜单，在其下拉列表中选择【取消选择】命令（组合键为【Ctrl】+【D】），取消选区。

STEP 06 用同样的方式框选出粉色块中的文字水印，然后用仿制图章工具将文字水印进行覆盖，消除文字水印，如下图所示。

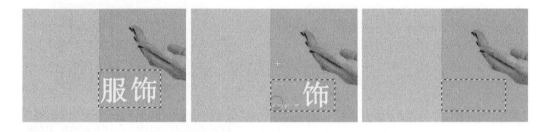

STEP 07 取消选区，即完成去水印操作，最后将图片进行保存即可。

13.7 去掉照片中的瑕疵

　　日常办公中用到的很多照片的内容可能都不很令人满意，有的是人物背景多余，有的是人物主体有瑕疵，这些因素影响画面美观，需要被去除，以保持画面的简洁。Photoshop 中的一些工具可以用来处理这些问题，接下来以去除人物脸上的小斑点为例进行讲解。

配 套 资 源		
	原始文件 \ 第13章 \ 13.7	
	最终效果 \ 第13章 \ 13.7	

扫码看视频

STEP 01 在Photoshop中打开人物图片，复制背景图层，命名为"去瑕疵"。接下来只对去瑕疵图层进行处理，此时背景图层前面的小眼睛图标可关可不关，因为背景图层不影响查看图片的处理效果。

STEP 02 单击工具箱中的缩放工具，在其工具属性栏中单击🔍按钮（组合键为【Ctrl】+【+】），将人物面部上的斑点在画面中放大，这么做的目的是放大瑕疵后，方便对瑕疵进行处理。

STEP 03 在工具箱中的修复工具组上单击鼠标右键，在其隐藏的工具中❶单击污点修复画笔工具，根据瑕疵的大小，在对应的工具选项栏中❷选择合适大小的画笔，❸将【类型】设置为【内容识别】，单击人物面部的瑕疵部分，瑕疵会自动融合消失，哪里有瑕疵，就可以修复哪里，如下图所示。

缩放工具　　　　　　　　　　　　　　　　　　　复制图层

提 示

> 污点修复画笔工具适合用来去除与周围背景关系不复杂的瑕疵。

第14章

提升职场竞争力的
PS 技能

在日常工作中，具备使用Photoshop设计简单的图标、制作宣传海报及淘宝主图等方面的能力，可以大大提升自己的职场竞争力。

本章介绍的案例并不复杂，只要跟着本章的内容一步步操作，你也可以轻松设计出这些作品。

关于本章知识，本书配套教学资源中有相关的素材文件及教学视频，读者也可以扫描书中的二维码进行学习。

14.1 设计扁平化办公图标

日常办公时，常需要设计一些简单的办公图标，但是用有些软件制作出来的图标放大后可能会模糊，怎么解决这个问题呢？其实这些图标在 Photoshop 中利用矢量制图工具就能制作出来，不仅如此，学会运用矢量制图工具以后还可以制作各种各样的图标。接下来以制作文档类的办公图标为例来讲解如何在 Photoshop 中制作扁平化的办公图标。

配 套 资 源	
原始文件 \ 第14章 \ 14.1	
最终效果 \ 第14章 \ 14.1	

扫码看视频

需要制作的办公图标如右图所示。

图标由一个蓝色底圆、一个描边的矩形（右上角为圆弧）、四条白色短圆线和一个白色对钩组成。接下来我们用 Photoshop 的矢量制图工具创建这些图形。

STEP 01 新建一个大小为900像素×900像素的透明背景文档（文档大小能包含图标即可），给文档命名为"办公图标"，**1**单击工具箱中的椭圆工具 ◯，**2**按住【Shift】键的同时拖动鼠标，绘制一个任意大小的圆形，**3**释放鼠标后，右侧的【图层】面板中出现"椭圆1"图层，并且弹出【属性】面板，如下图所示。

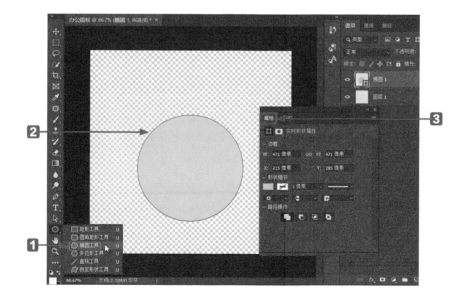

STEP 02 ①将"椭圆1"重命名为"圆形背景"，②并且在【属性】面板中设置圆形的具体参数（如果【属性】面板消失了，③可以在【窗口】菜单下的【属性】命令中打开【属性】面板），设置完以后按【Enter】键完成参数设置，此时图标的圆形背景就制作完成了，如下图所示。

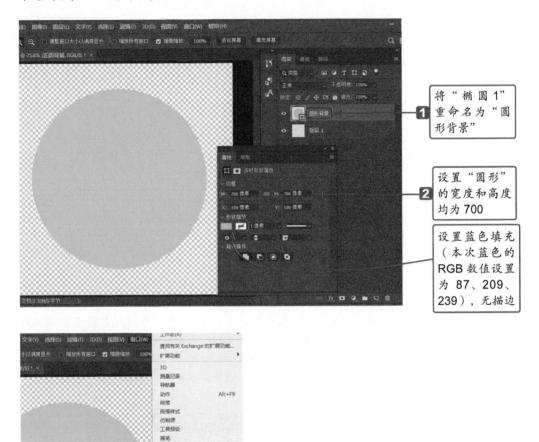

将"椭圆1"重命名为"圆形背景"

设置"圆形"的宽度和高度均为700

设置蓝色填充（本次蓝色的RGB数值设置为 87、209、239），无描边

在【窗口】下拉菜单项中可以打开【属性】面板，前面有对钩表示面板已经打开，没有对钩表示面板没有打开

STEP 03 绘制带有白色描边的矩形，矩形右上角为圆弧。单击【图层】菜单，在其下拉列表中选择【新建】下的【图层】命令（组合键为【Shift】+【Ctrl】+【N】），或者直接单击【图层】面板下方的 回 按钮，①创建新图层，②将图层重命名为"描边矩形"，③单击工具箱中的矩形工具 ■，④在画面中按住鼠标左键拖动，绘制一个任意大小的矩形，⑤此时弹出【属性】面板，自动将矩形颜色填充为前景色。

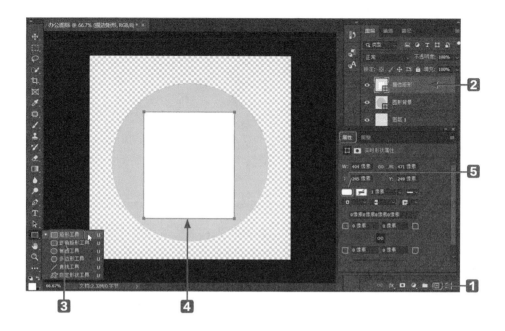

STEP 04 在【属性】面板中设置矩形的参数。**1**设置矩形的宽度（W）为360像素、高度（H）为450像素，**2**无填充，**3**描边为白色，**4**描边大小为30像素，**5**描边形状为直线，**6**右上角弯度为40像素，其余三个角的弯度均为0。设置完成后按【Enter】键完成输入设置，如下图所示。

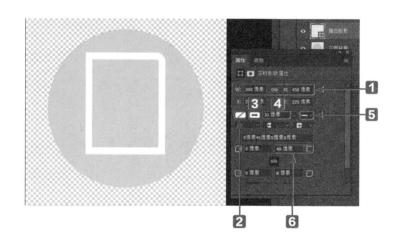

STEP 05 将矩形与圆形水平垂直居中对齐。**1**按住【Ctrl】键的同时选中圆形背景图层和描边矩形图层，**2**在界面上方的工具选项栏中单击【水平居中对齐】按钮和【垂直居中对齐】按钮，此时圆形与矩形就水平垂直居中对齐了，如下页图所示。

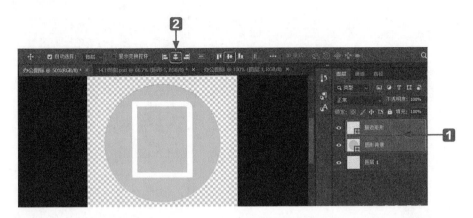

STEP 06 制作一个和圆形背景颜色一样的矩形，用来遮挡描边矩形的右半部分。❶新建图层，❷将其重命名为"遮住"，❸单击工具箱中的矩形工具，❹按住鼠标左键拖动，绘制任意大小的矩形，❺在弹出的【属性】面板中设置矩形的参数，具体操作及参数如下图所示。

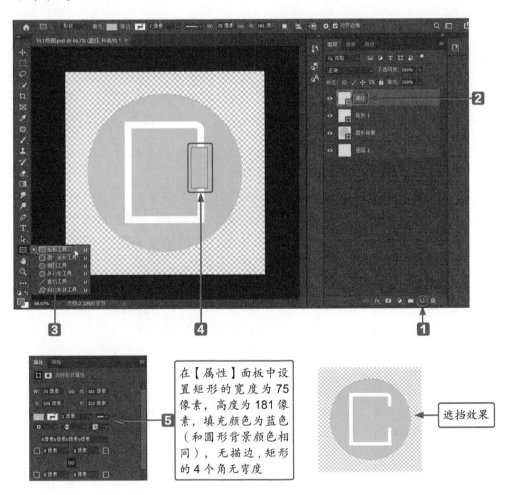

在【属性】面板中设置矩形的宽度为 75 像素，高度为 181 像素，填充颜色为蓝色（和圆形背景颜色相同），无描边，矩形的 4 个角无弯度

遮挡效果

STEP 07 制作4个圆角矩形形状。新建图层，**1**将其命名为"圆角矩形1"，在工具箱中单击圆角矩形工具，**2**在下图所示的位置拖动鼠标，**3**在【属性】面板中设置圆角矩形的参数，具体参数值如下图所示。

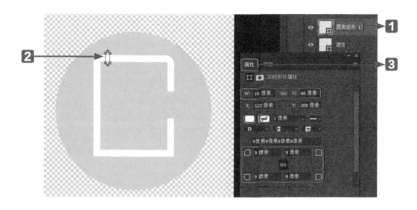

STEP 08 **1**单击【图层】菜单，在其下拉列表中选择【复制图层】命令，弹出【复制图层】对话框，**2**将图层命名为"圆角矩形2"，单击【确定】按钮，此时圆角矩形1图层被复制了。**3**按住鼠标左键向右拖动圆角矩形2的图形，如下图所示。

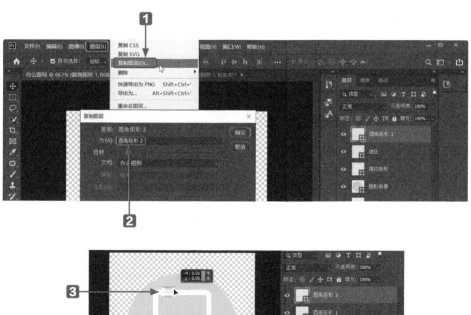

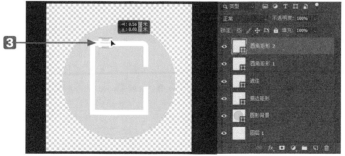

STEP 09 以同样的方式再复制两次圆角矩形1图层，分别将两次复制的图层命名为"圆角矩形3"和"圆角矩形4"。选中圆角矩形3图层，向右拖动到下图所示的第三个圆角矩形的位置；选中圆角矩形4图层，向右拖动到下图所示的第四个圆角矩形的位置。拖动后的效果如下图所示。

STEP 10 将4个圆角矩形等距水平分布。❶按住【Ctrl】键的同时选中4个圆角矩形，❷在工具选项栏中单击【水平居中对齐】按钮，然后单击按钮，❸在其下拉选项中单击【水平分布】按钮，此时4个圆角矩形图层水平等距分布，如下图所示。

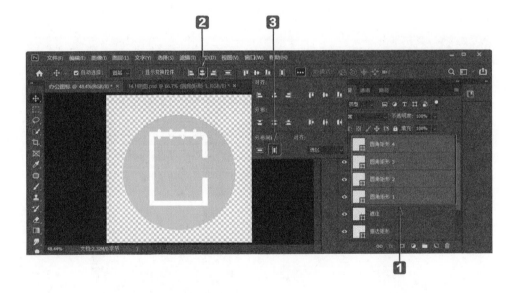

STEP 11 ❶新建图层，将其命名为"左对钩"，❷单击工具箱中的钢笔工具，此时鼠标指针变成钢笔形状，❸在其对应的工具选项栏中选择形状，设置钢笔工具的属性参数，❹在描边矩形图层右边缺失处单击鼠标左键创建第一个钢笔锚点，接着在第一个锚点的右下方创建第二个锚点（绘制对号形状的左部分），如下页图所示。

3 在工具选项栏中设置钢笔的参数：绘制为形状，无填充，描边大小为 50 像素的白色直线

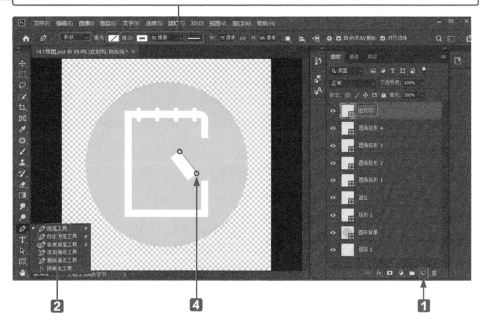

STEP 12 新建图层，将其命名为"右对钩"，在左对钩形状的下方创建第一个锚点，在右上方创建第二个锚点（绘制对号形状的右部分），在工具选项栏中设置右对钩的具体参数值。用键盘上的【↑】【↓】【←】【→】键移动左对钩和右对钩，使左对钩与右对钩的形状底端重合对齐，如下图所示。

设置右对钩的钢笔参数值

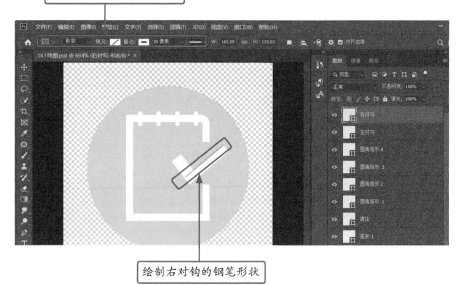

绘制右对钩的钢笔形状

STEP 13 这样扁平化办公图标就制作完成了，将绘制好的图标保存即可。

提 示

在Photoshop中制作矢量图的工具主要有钢笔工具、矩形工具、圆角矩形工具、椭圆工具、多边形工具、直线工具、自定义形状工具，用这些工具制图时，所做的图层均为 █ 标志。

14.2 制作公众号文章封面图

日常办公中，常需要推送公司的公众号文章，写文章、上传图片对很多人来说并不难，但是要想做好一个公众号，封面图的选择同样重要，它决定读者对文章的最初印象，一个吸引人的封面图片带来的点击量是不可小觑的。

扫码看视频

配 套 资 源
原始文件 \ 第14章 \ 14.2
最终效果 \ 第14章 \ 14.2

● 关于微信公众号文章封面首图的一些小知识

①改版之后的微信公众号，官方推荐的文章封面图片尺寸为900像素×383像素（宽和高的比例为2.35：1），如果选择的图片尺寸不合适，那么在上传封面图片的过程中系统会自动按照2.35：1的比例对图片进行裁切，有可能就会裁掉图片里的重要内容，最终影响封面效果。

②当推送一篇图文内容时，文章标题会自动加在封面图片的下方，此时标题内容不会对图片内容产生影响；但是当推送的图文内容不止一篇时，封面图片上的文章标题就会自动加在封面图片上，这样就会影响封面图片的效果。

下面以制作杧果店铺的微信公众号文章封面首图为例，一起来动手试一试。杧果俗称"芒果"，本书中均使用"芒果"。

STEP 01 新建一个大小为900像素×383像素的透明背景文档，给文档命名为"公众号文章封面首图"，将之前保存好的芒果背景图片在Photoshop中打开，按【Ctrl】+【T】组合键，等比例调整背景图片的大小。

STEP 02 将提前保存好的芒果图片拖进新建的"公众号文章封面首图"文档中，将芒果图片调整好大小以后，放在画面中间偏右的位置，如下图所示。

如图所示，将芒果图片放在画面右边

STEP 03 给芒果图层添加阴影，增加芒果在图片中的立体感和真实性。选中芒果图片图层，❶单击工具箱中的套索工具◯，❷在上方工具选项栏中设置【羽化】数值为【8像素】，使选区虚化柔和一些，❸按住鼠标左键在芒果图片的最下方圈选出一部分选区并添加阴影，如下图所示。

STEP 04 按组合键【Ctrl】+【Shift】+【N】新建图层，将图层命名为"阴影"。

STEP 05 给选区填充灰色阴影。❶单击工具箱中的前景色图标，弹出【拾色器】对话框，❷将RGB的数值设置为88、76、58（灰色的色值），单击【确定】按钮，此时前景色被替换成灰色，如下图所示。

前景色变成灰色

STEP 06 将阴影图层移动到芒果图片图层的下方，此时可以根据需要调节图层面板下方的【不透明度】，以调整阴影颜色的灰暗程度，这样阴影就做好了，如下图所示。

单击选中【阴影】图层

调节阴影图层的不透明度

STEP 07 ■1 单击工具箱中的横排文字工具，给图片增加文案。■2 将鼠标指针放在图片上，按住鼠标左键在画面中单击，输入文字"不一样的芒果"，如下图所示。

STEP 08 ■1 选中文字框内的文字"不一样的芒果"，■2 在其对应的工具选项栏中，设置文字的属性参数。■3 单击工具选项栏里的颜色方块■■，弹出【拾色器】对话框，此时鼠标指针变成吸管形状，■4 在芒果图片上吸取黄色，此案例吸取的颜色的RGB数值为255、149、0，单击【确定】按钮，此时字体颜色已经设置完成了。将文字放在芒果图片的左边、画面中间偏左的位置上；将其字体大小设置为89.33，其在所有文案中是最大的，可以作为吸引用户最突出的卖点，如下图所示。

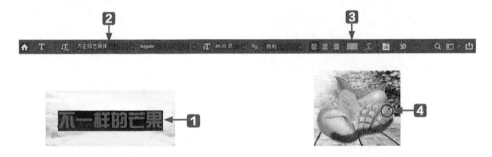

STEP 09 单击工具箱中的横排文字工具，继续给图片增加文案。在文字框内输入"绵软香甜·皮薄核小"，将字体大小设置为31.2，字体颜色设置为白色（RGB数值为255、255、255），文字内容的具体参数设置如下图所示。

STEP 10 给"绵软香甜·皮薄核小"文字图层增加一个矩形填充背景，凸显白色字体。■1 按住组合键【Ctrl】+【Shift】+【N】或者单击【图层】面板下方的■按钮新建图层，将其命名为"矩形填充背景"，■2 单击工具箱中的矩形选框工具■，■3 在"绵软香甜·皮薄核小"文字外边拖动鼠标，形成一个矩形选框，可以按键盘上的【↑】【↓】【←】【→】键对矩形选框的位置进行微调，操作如下图所示。

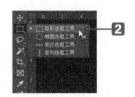

STEP 11 给矩形选框填充颜色。①单击前景色图标，弹出【拾色器】对话框，②将
RGB的数值设置为255、149、0，使画面的整体颜色统一。③按住组合键【Alt】+
【Delete】，为矩形选框填充前景色，矩形填充背景就制作完成了。④将矩形填充背景
图层移到"绵软香甜·皮薄核小"图层下方，具体效果如下图所示。

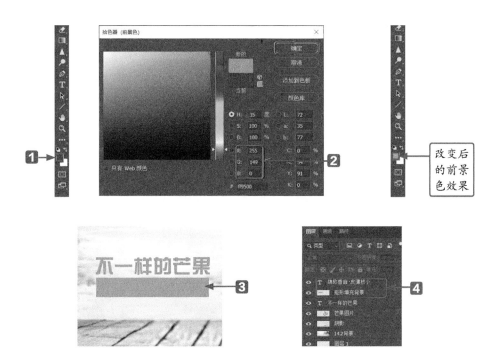

STEP 12 为图片上的文案内容整体添加一个四角矩形框架，既可以使文字内容呈现整体
的效果，也可以使画面简洁干净。①按组合键【Shift】+【Ctrl】+【N】新建图层，将
其命名为"横框"，单击工具箱中的矩形选框工具，②拖动鼠标，绘制一个矩形框，如
下图所示。

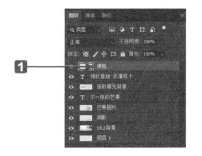

STEP 13 给矩形选区填充前景色（前景色为之前设置的RGB颜色255、149、0）。按住组
合键【Alt】+【Delete】为矩形选区填充前景色。

STEP 14 按组合键【Ctrl】+【D】取消选区，**1**在横框图层上单击鼠标右键，选择【复制图层】，将新图层命名为"竖框"，**2**按住鼠标左键向下拖动竖框，**3**按住组合键【Ctrl】+【T】变换矩形框，在其工具选项栏中输入旋转角度的数值"90"，此时横向框变成竖向框，具体操作如下图所示。

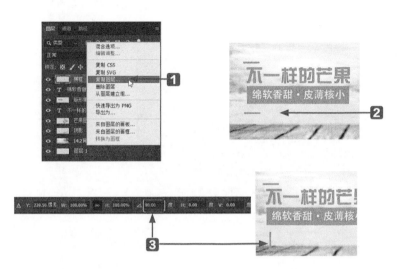

STEP 15 将竖框图片移动到横框图片下方，将两个图片拼接在一起，并合并两个图层，如下图所示。

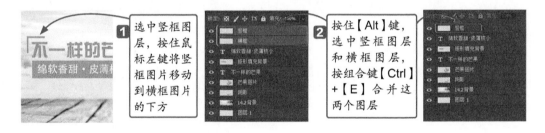

STEP 16 **1**将拼合后的图层重新命名为"合并1"，**2**在合并1图层上单击鼠标右键，选择【复制图层】，**3**将复制的图层命名为"合并2"，如下图所示。

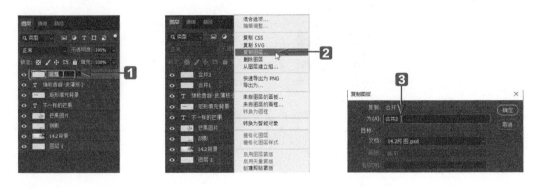

STEP 17 此时复制后的合并2图层与合并1图层重叠，**1**选中合并2图层，**2**将其右移，**3**按组合键【Ctrl】+【T】对其进行变换，此时图片上出现变换框，**4**在变换的工具选项栏中输入旋转角度的数值【90】，按【Enter】键完成变换操作，此时合并2图层旋转了90°，如下图所示。

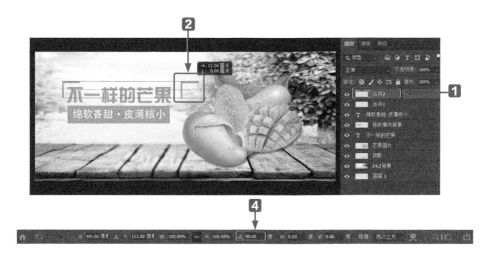

STEP 18 **1**在图层面板中按住【Ctrl】键选中合并1和合并2图层，**2**按组合键【Ctrl】+【E】将这两个图层合并，如下图所示。

STEP 19 **1**在合并2图层上单击鼠标右键，**2**在弹出的菜单中选择【复制图层】选项，弹出【复制图层】对话框，单击【确定】按钮，新增"合并2拷贝"图层。

STEP 20 ① 按住鼠标左键向下移动合并2拷贝图层，② 按住组合键【Ctrl】+【T】，图片上出现变换框，③ 在其对应的工具选项栏中输入旋转角度的数值【180】，按【Enter】键完成变换操作，此时合并2拷贝图层旋转了180°，如下图所示。

STEP 21 选中合并2拷贝图层，按住鼠标左键拖动图片，调整图片的位置，调整好后将图片进行保存，效果如右图所示。

提 示

在制作微信公众号文章封面首图时，除了设置图片的大小尺寸外，还要注意标题文字对图片的影响。为了避免标题文字对封面首图产生影响，一般在制作微信公众号文章封面首图时，会将图片的主要信息放置在画面的上方，避免标题遮挡图片内容。

14.3 制作朋友圈海报

日常办公中，经常需要制作朋友圈海报，进行宣传推广活动，朋友圈海报相当于宣传单，微信用户是潜在的宣传对象。宣传的效果与海报的制作是分不开的，制作精美的朋友圈海报更具有说服力。下面以制作服饰产品的竖版朋友圈海报为例来进行讲解。

配 套 资 源	
原始文件　\ 第14章 \ 14.3	
最终效果　\ 第14章 \ 14.3	

扫码看视频

STEP 01 新建一个1181像素×1772像素、分辨率为300的透明背景文档，文档命名为"朋友圈海报"，给文档添加背景颜色。将前景色的RGB颜色设置为245、214、116，按组合键【Alt】+【Delete】，将背景图层填充为前景色。

STEP 02 将提前准备好的人物图片拖进Photoshop中，放在界面的左上角，人物主体占界面版面的三分之二，如右图所示。

STEP 03 在人物右边输入文案内容。**1** 单击直排文字工具，在文本框内输入文案"购物狂欢"，此时文字自动填充为前景色，**2** 单击工具选项栏中的颜色块，弹出【拾色器】对话框，此时【拾色器】颜色区域内显示的是前景色，**3** 在颜色区域右上方单击鼠标，此时新的颜色是比前景色更深更亮的相近色，单击【确定】按钮，此时"购物狂欢"自动变为新设置好的颜色，文字参数设置及具体操作如下图所示。

单击对钩符号完成文本设置

STEP 04 单击横排文字工具，在"购物狂欢"文字上方输入活动促销主题"618"，文字颜色和"购物狂欢"颜色一样，如下图所示。

STEP 05 单击直排文字工具，在"618"文字右边输入折扣文案"全场五折起更多好礼等你来抢"，单击工具选项栏中的字符和段落设置按钮▦，在【字符】面板中，通过调整垂直缩放按钮▯和水平缩放按钮▯，使新输入的文字与"618"文字顶端对齐，与"购物狂欢"文字底端对齐，设置字体颜色为前景色，如下图所示。

STEP 06 为了方便接下来的操作，**1**按住【Ctrl】键，选中3个文字图层，**2**单击面板下方的组按钮▦，给3个文字图层添加组，并将其命名为"右上角文字"。**3**单击组名称前面的下拉箭头符号▾，展开或隐藏组内的图层，操作如下图所示。

STEP 07 因为画面中背景与文案为相近色，并且折扣文案颜色和背景颜色均为前景色，对比不够鲜明。为了凸显文字，可在背景与文字之间添加白色填充。单击新建图层按钮，将新建图层命名为"白色背景填充"，将其拖曳到右上角文字组内，置于三个文字图层的最下方，单击工具箱中的矩形选框工具，在文字框外拖动鼠标，绘制一个矩形框，按【↑】【↓】【←】【→】键可以移动选框的位置。将选框的位置调节好以后，单击【编辑】菜单，在其下拉列表中选择【填充】命令，在弹出的【填充】对话框中，在内容下拉列表里选择白色，单击【确定】按钮，此时矩形选框被填充为白色，按组合键【Ctrl】+【D】取消选区，如下图所示。

STEP 08 在白色填充背景外面加两个矩形边框。❶新建图层，将其命名为"内边框"，❷单击工具箱中的矩形选框工具，在白色填充背景外面拖动鼠标，绘制内边框，❸单击【编辑】菜单，在其下拉菜单中选择【描边】命令，❹在弹出的【描边】对话框中输入描边【宽度】为"9像素"，选择白色描边，描边【位置】为【居外】，【模式】为【正常】，【不透明度】为【100%】，设置完成以后单击【确定】按钮，操作如下图所示。

STEP 09 1复制内边框图层，将新图层命名为"外边框"，2按组合键【Ctrl】+
【T】，对外边框进行自由变换，3按住【Shift】键，让外边框按照鼠标拖动的方向变
大（注意：在2020版本的Photoshop中，按住【Shift】键不能进行等比例变换），依次
调节四周，使其变大的左右宽度相等、上下高度相等。按【Enter】键，完成自由变换
操作，具体操作如下图所示。

STEP 10 在内外边框上添加两条波浪线，让这部分的画面显得生动一些。单击工具箱中
的横排文字工具，在文字框内输入约等于号≈，1在工具选项栏中设置约等于号的各项
参数，具体参数如下图所示。输入完成以后，2按住【Ctrl】键，拖曳文字框的右上角和
左下角，使约等于号变得更弯曲，变形完成以后按【Enter】键完成对文字的操作。

STEP 11 按组合键【Ctrl】+【J】，复制约等于号。将复制的约等于号放在内外边框的右
下角，如下图所示。

STEP 12 1按住【Ctrl】键，选中约等于号图层和其拷贝的图层，按组合键【Ctrl】+
【E】合并这两个图层，将合并后的图层命名为"波浪"；2用同样的方法合并内边
框和外边框，将合并后的图层命名为"边框"。3按住【Ctrl】键，单击波浪图层缩
略图，此时两个约等于号变成选区，4用鼠标单击边框图层，5按组合键【Ctrl】+
【Shift】+【I】反选除约等于号以外的其他边框部分，6单击工具箱中的橡皮擦工具，
将界面放大，7将约等于号与边框之间的部分擦除，擦除完成以后取消选区，具体操作
如下图所示。

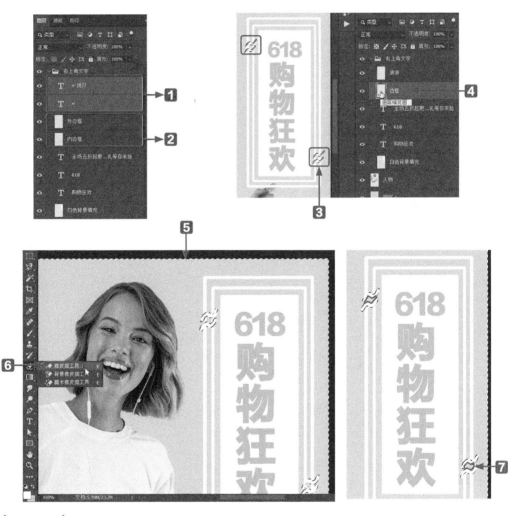

提 示

拼合可见图层的组合键为【Ctrl】+【Shift】+【E】；拼合选中图层的组合
键为【Ctrl】+【E】；拼合所有图层并保留原图层(盖印图层)的组合键为【Ctrl】+
【Shift】+【Alt】+【E】。

STEP 13 **1**将提前制作好的波浪白色背景图在Photoshop中打开，并调整到如图所示的位置。**2**在版面的三分之一处添加文案"团购三折优惠起"，字体参数设置如图所示。

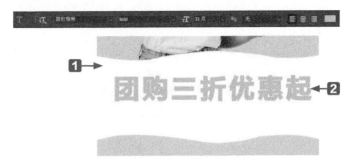

STEP 14 给文字添加方框，使其具有整体性。新建图层，将其命名为"断点边框"。**1**单击矩形选框工具，在文案上方拖动鼠标，绘制矩形，单击【编辑】菜单下的【描边】命令，**2**在弹出的【描边】对话框中设置描边颜色等属性，具体参数设置及效果如下图所示。

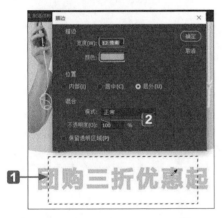

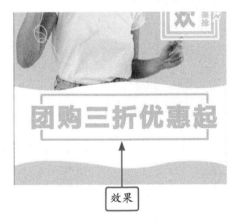

效果

STEP 15 选中断点边框图层，**1**单击矩形选框工具，在断点边框图形上拖动鼠标，**2**按【Delete】键删除新做的矩形选框与断点边框重合的部分，**3**按组合键【Ctrl】+【D】取消选择选区，如下图所示。

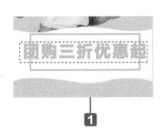

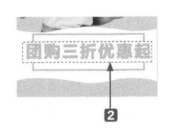

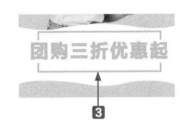

STEP 16 单击工具箱中的横排文字工具，在团购优惠文案的下方输入直播平台的名称，如下图所示。

XX直播平台

STEP 17 给"××直播平台"文字添加醒目的效果。①单击工具箱中的横排文字工具，在文字框内输入两个大于号字符，将其放在"××直播平台"的左边；②给"××直播平台"右边添加一个对称的符号。复制图层，按组合键【Ctrl】+【T】进行自由变换，在工具选项栏中输入旋转角度的数值"180"，形成如图所示的形状，如下图所示。

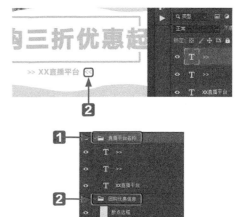

STEP 18 为了方便操作，①选中"××直播平台"图层和">>""<<"图层，建立一个组，命名为"直播平台名称"；②选中团购三折优惠起文字图层和断点边框图层，建立一个组，命名为"团购优惠信息"，如右图所示。

STEP 19 单击横排文字工具，在直播平台的下方输入直播时间，文字及具体参数设置如下图所示。

STEP 20 给白色的直播时间文案和白色背景之间添加背景颜色，来凸显直播时间。①新建图层，将其命名为"黄色背景圆角矩形"。单击工具箱中的圆角矩形工具，拖动鼠标绘制如图所示的圆角矩形，并在其【属性】面板中设置属性参数。②将黄色背景圆角矩形图层移动到直播时间文案图层的下方，③并给两个图层新建一个组，命名为"直播时间"，具体操作如下图所示。

STEP 21 将品牌的微信公众号二维码拖入直播时间图层下方的黄色背景上，并在二维码下方输入"关注微信公众号，更多好礼享不停"，文字参数设置如下页图所示。

RGB 色值为
145、148、80

STEP 22 在界面右上角放置服饰的品牌名称和标志。摆放的位置如下图所示。

STEP 23 在人物旁边添加文案"美女主播 甄丹妮",文字的位置及属性设置如下图所示。

RGB 色值为
145、148、80

STEP 24 在界面左下角添加一个竖排的品牌名称拼音,与版面右上方的竖排文字形成呼应。单击直排文字工具,在文字框内输入"SHENLONG",然后再单击直排文字工具,在文字框内输入"...",这样朋友圈海报就制作完成了,文字参数设置和排版如下图所示。

14.4 制作淘宝主图

设计精美的主图能够吸引顾客点进去浏览，那么如何制作出吸引人的淘宝主图呢？

影响淘宝主图效果的三个要素：背景、产品、文案，统筹考虑这三个要素，才能设计出一个好的主图。

①图片背景是用来衬托产品的，不能喧宾夺主。②产品图片要清晰、美观、大方，让顾客一眼就能看出店铺是卖什么产品的。③文案包括两方面：一是文案内容；二是对文案内容的排版设计。文案内容要突出卖点，与顾客搜索的关键词相一致；排版设计要搭配合理，简洁美观。

下面以口红产品的淘宝主图为例讲解如何在 Photoshop 中制作淘宝主图，具体操作请扫码观看视频。

配 套 资 源		
原始文件 \ 第14章 \ 14.4		
最终效果 \ 第14章 \ 14.4		

扫码看视频

持久不退色
明星同款色号

券后价
198元

第**5**篇

远程办公与PDF文件编辑

第15章

远程办公

远程办公作为一种新型的办公方式，给我们的工作带来了极大的便利。

远程办公可以让我们在办公过程中脱离空间、距离的限制，帮助我们更加轻松、高效地完成工作任务。

关于本章知识，本书配套教学资源中有相关的素材文件及教学视频，读者也可以扫描书中的二维码进行学习。

15.1 百度网盘，轻松共享文件

在日常办公中，每天我们都会进行各类文件的存储、传输等，对于本地办公来说，文件可以存储在硬盘中，传输则可以通过局域网实现；但是对于远程办公来说，这两点实现起来就会比较困难了。

例如，某企业在北京和上海各有一个分公司，两个分公司的工作人员应该如何实现文件的共享呢？百度网盘可以说是远程办公中应用比较广泛的一款软件了。

百度网盘是百度推出的一项云存储服务，用户可以轻松地将自己的文件上传到网盘上进行存储，并可跨终端随时随地进行查看、分享和下载。

百度网盘可以分为网页版和客户端两种，在工作中使用客户端更方便。

要使用百度网盘，首先要有一个百度网盘账号。由于百度网盘与百度贴吧、百度文库、百度音乐等都属于百度旗下的产品，因此其账号是可以通用的。

打开百度网盘客户端，如果已有百度旗下产品的账号，直接输入账号和密码进行登录即可；如果没有，则可以单击【注册账号】按钮，进行注册。

登录账号后即可进入百度网盘的界面，并进行文件的上传或下载了，其界面如下图所示。

15.1.1 上传文件

通过百度网盘上传文件时，需要先确定文件上传的位置，既可以将文件直接上传到网盘，也可以先在网盘中创建一个文件夹，然后再将文件上传到该文件夹中。下面以将文件上传到网盘中的文件夹为例进行讲解。具体操作步骤如下。

扫码看视频

STEP 01 登录百度网盘，**1**单击【新建文件夹】按钮，**2**在文件列表中创建一个【新建文件夹】，文件夹名称为可编辑状态，**3**直接通过键盘输入要创建的文件夹名称"财务部"，按【Enter】键确认输入，即可完成网盘中文件夹的创建。

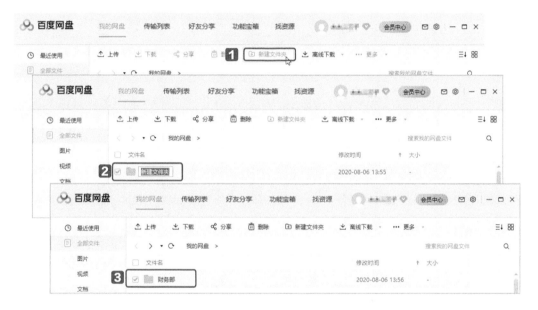

STEP 02 在新创建的"财务部"文件夹图标上双击鼠标，打开文件夹，单击【上传文件】按钮。

STEP 03 弹出【请选择文件/文件夹】对话框，**1** 找到需要上传的素材文件并选中，**2** 单击【存入百度网盘】按钮，**3** 即可将选中的素材文件上传到指定的文件夹中。

15.1.2 共享文件

将文件上传到百度网盘后，需要与他人共享该文件时，可以直接将文件创建一个链接，然后将链接分享给他人即可。具体操作步骤如下。

STEP 01 登录百度网盘，**1** 在需要分享的文件上单击鼠标右键，在弹出的快捷菜单中选择【分享】选项，弹出【分享文件：工资表—素材文件.xlsx】对话框，系统默认使用【私密链接分享】，分享形式通常保持默认即可，**2** 根据需要设置有效期，**3** 单击【创建链接】按钮。

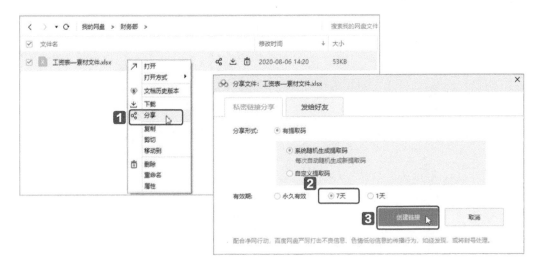

STEP 02 系统生成一个分享链接和提取码，用户可以通过发送链接及提取码，将其分享给需要共享文件的人。此外，系统还生成了一个二维码，用户也可以通过二维码与他人分享文件。

15.1.3 下载他人共享的文件

对于他人上传到百度网盘的文件，我们只要知道链接和提取码，也可以将其转存到自己的网盘或进行下载。具体操作步骤如下。

扫码看视频

STEP 01 单击收到的链接，即可进入下载页面，**1** 输入提取码，**2** 单击【提取文件】按钮，即可打开百度网盘的页面，**3** 单击【保存到网盘】按钮。

STEP 02 弹出【百度网盘】登录界面，用户可以选择使用百度网盘APP扫码登录，也可以选择用户名登录，这里使用后者。**1** 单击【用户名登录】按钮，弹出【用户名密码登录】界面，**2** 输入账号和密码，**3** 单击【登录】按钮。

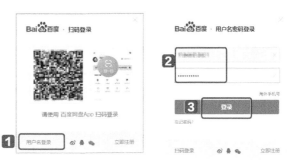

STEP 03 登录百度网盘的页面，**1**勾选"财务部"文件夹前面的复选框，**2**单击【保存到我的百度网盘】按钮，弹出【保存到网盘】对话框，**3**单击【确定】按钮，即可将"财务部"文件夹转存到登录的百度网盘账号中。

STEP 04 打开百度网盘客户端，**1**在文件列表中勾选"财务部"文件夹前面的复选框，**2**单击【下载】按钮，弹出【设置下载存储路径】对话框，**3**单击【浏览】按钮。

STEP 05 弹出【浏览计算机】对话框，确定文件需要保存的位置，**1**单击【确定】按钮，返回【设置下载存储路径】对话框，**2**单击【下载】按钮，即可将"财务部"文件夹下载到指定位置。

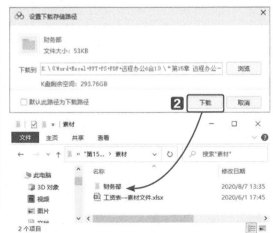

15.2 TeamViewer，高效远程协助

在日常工作中，如果是本地办公，遇到任何电脑操作问题，都可以随时找人帮忙查看解决；但是远程办公时这一问题的解决就会变得比较艰难。此时，可以考虑使用一些远程服务工具，如 TeamViewer。

TeamViewer 是一个用于远程控制的应用程序，只需要在两台互联的计算机上同时运行 TeamViewer 即可。

15.2.1 TeamViewer 的注册与验证

在网上下载 TeamViewer 安装文件并安装完成，初次使用 TeamViewer 控制他人电脑时需要先进行注册和验证，具体操作步骤如下。

扫码看视频

STEP 01 运行TeamViewer客户端，可在【允许远程控制】区域看到自己的ID和密码，如果需要控制他人的电脑，可在【控制远程计算机】区域输入伙伴ID，**1**单击【连接】按钮，初次使用TeamViewer时，系统会弹出一个提示框，提示用户创建账户，**2**单击【创建账户】按钮。

STEP 02 弹出【创建TeamViewer账户】对话框，填写信息后，**1**单击【下一步】按钮，弹出【待办操作】对话框，**2**单击【验证账户】按钮。

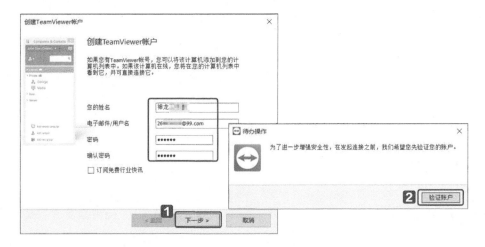

STEP 03 弹出【提供您的手机号码】对话框，**1**输入手机号码，**2**单击手机号码下方的智能验证按钮，**3**单击【发送短信】按钮，**4**将手机收到的验证码输入【验证码】文本框中，**5**单击【下一步】按钮，通过验证，系统弹出【账户验证成功】对话框。

15.2.2 利用 TeamViewer 远程控制他人电脑

注册验证完成后，就可以远程控制他人电脑了，具体操作步骤如下。

STEP 01 **1**在【控制远程计算机】区域输入伙伴ID，**2**单击【连接】按钮，弹出【TeamViewer验证】对话框，**3**输入要控制的伙伴计算机的密码，**4**单击【登录】按钮。

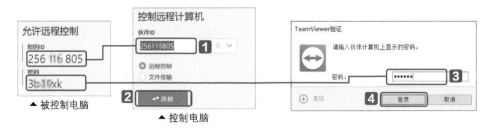

STEP 02 此时窗口显示对方电脑的显示界面，通过该窗口，我们就可以像控制自己的电脑一样控制对方的电脑了。如果要退出远程控制，直接单击窗口右上角的【关闭】按钮即可。

15.3 腾讯文档，远程办公无忧

腾讯文档是可供多人同时编辑的在线文档，支持多种终端设备，如电脑端、手机端、iPad 等，用户可在这些设备上随时随地查看和修改文档。

腾讯文档也是一种既可以使用网页版，也可以使用客户端的文档类工具。

进入网页版腾讯文档的方式很简单，只需在搜索引擎中搜索"腾讯文档"，打开"腾讯文档"官网，单击右上角的【立即使用】按钮即可。

进入腾讯文档登录界面，用户可以选择 QQ、微信、企业微信等快速登录，也可以选择使用账号密码登录。

登录完成后，即可进入网页版腾讯文档的主界面，界面左侧为腾讯文档的主要功能区，右侧为文档列表区。

客户端的登录方式与网页版的登录方式一致，登录后的界面也基本一致，用户可以根据需要选择网页版还是客户端。

15.3.1 创建文件

在腾讯文档中，既可以创建在线文件，也可以导入本地文件。

1. 创建在线文件

扫码看视频

STEP 01 登录腾讯文档，**1**单击界面左上角的【新建】按钮，在弹出的下拉列表中选择要创建的文档类型，如**2**选择【在线表格】选项。

STEP 02 系统自动跳转到【模板库】页面，该页面中包含了多种不同类型的模板，可以根据需求进行选择，也可以选择空白模板，自由创建文档内容。

2. 导入本地文件

STEP 01 登录腾讯文档，❶在【新建】下拉列表中选择【导入本地文件】选项，弹出【打开文件】对话框，❷找到要导入的文件并选中，❸单击【打开】按钮。

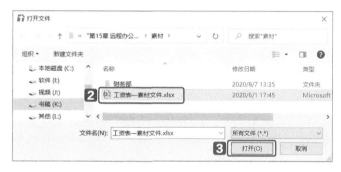

STEP 02 在腾讯文档界面右下角显示导入进度，导入完成后，即可在【我的文档】列表中显示导入的文档。单击文档名称，即可打开文档。文档在编辑的过程中，系统会自动保存。

15.3.2 多人远程协作，编辑文档

扫码看视频

腾讯文档与普通 Office 文档最大的区别就是，使用腾讯文档，即使是远程办公，也可以实现多个用户同时对某一文档进行编辑。

STEP 01 在腾讯文档中打开需要远程协作的文档，**1**单击界面右上角的【邀请他人一起协作】按钮，弹出【文档权限】任务窗格，**2**单击【文档权限】按钮，在弹出的权限下拉列表中选择权限，这里**3**选择【指定人】选项。

STEP 02 弹出【选择协作人】对话框，选择需要协作的好友，例如**1**选择QQ好友，**2**勾选【同时发送文档给对方】复选框，并单击【确定】按钮。

STEP 03 系统为选中的好友发送一条分享信息，好友单击信息中的链接，即可打开该文档，对文档进行编辑。

第16章

PDF 编辑神器
——Acrobat

Adobe Acrobat是一款PDF编辑软件，借助它可以对PDF格式的文档进行编辑和保存，以便于浏览和打印。

关于本章知识，本书配套教学资源中有相关的素材文件及教学视频，读者也可以扫描书中的二维码进行学习。

16.1 将 Office 文档转换为 PDF 文档

在日常工作中，每台电脑上安装的字体各不相同，在这台电脑上排好版的 Word 文档，在其他电脑上打开时可能就会因为缺失某种字体而导致版面发生改变。而使用 PDF 文档就不会发生这种情况。因此，在工作中经常需要将 Word 文档转换为 PDF 文档之后再发送给别人。

使用 Acrobat 将 Word 文档转换为 PDF 文档的具体操作步骤如下。

配 套 资 源
第16章 \ 简历—原始文件
第16章 \ 简历—最终效果

STEP 01 运行Acrobat程序，**1**单击【文件】按钮，**2**在弹出的下拉列表中选择【打开】选项。

STEP 02 弹出【打开】对话框，找到"简历—原始文件"Word文档所在的文件夹，但是由于默认可以打开的文件类型为【Adobe PDF文件（*pdf）】，因此文件夹中不能显示"简历—原始文件"Word文档，**1**需要先将默认可以打开的文件类型修改为【所有文件（*.*）】，这时"简历—原始文件"Word文档即可显示出来，**2**选中"简历—原始文件"Word文档，**3**单击【打开】按钮。

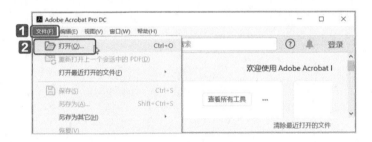

STEP 03 "简历—原始文件"Word文档即可以PDF格式在Acrobat中打开，**1**单击【文件】按钮，**2**在弹出的下拉列表中选择【保存】选项。

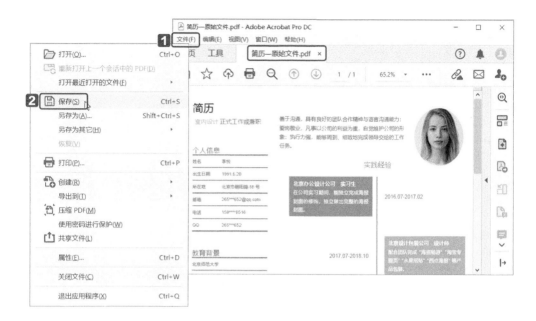

STEP 04 弹出【另存为PDF】对话框，选择用来保存这篇PDF文档的文件夹，**1**在【文件名】文本框中输入文件名"简历—最终效果"，**2**单击【保存】按钮，即可将"简历—最终效果"以PDF格式保存到对应的文件夹中。

　　将Excel、PPT等文档转换为PDF的方法与将Word文档转换为PDF的方法完全一致，这里不再赘述。

16.2 将 PDF 文档转换为 Office 文档

PDF 文档比较适合阅览和打印，但对多数人来说，对文档进行编辑，还是使用 Office 文档格式比较方便。

配 套 资 源
第16章 \ 简历01—原始文件
第16章 \ 简历01—最终效果

STEP 01 打开本实例的原始文件，**1** 单击【文件】按钮，**2** 在弹出的下拉列表中选择【另存为】选项。

STEP 02 弹出【另存为PDF】对话框，选择用于保存文档的文件夹，**1** 选择一种合适的 Office文档格式，并输入要保存的文件名，**2** 单击【保存】按钮，即可将PDF保存为指定的Office文档格式。打开保存的Office文档，可以看到文档的内容、格式都不会发生变化。

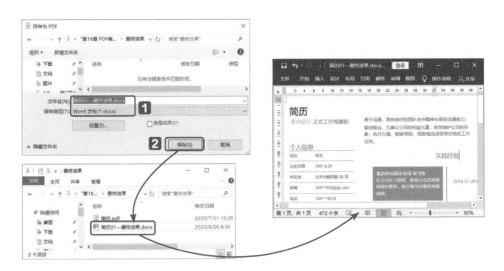

16.3 编辑 PDF 文件

虽然 PDF 不能像 Word 那样进行完全自由的编辑，但是对其进行简单的文字修改、内容替换等操作还是可以实现的。

配 套 资 源
第16章 \ 1寸证件照片—素材文件
第16章 \ 简历02—原始文件
第16章 \ 简历02—最终效果

扫码看视频

STEP 01 打开本实例的原始文件，**1**单击【工具】按钮，**2**在【创建和编辑】组中单击【编辑PDF】按钮。

STEP 02 此时文档进入可编辑状态，文档中的内容被分割成了若干区域，只需在要修改的区域单击鼠标左键，即可对区域内的内容进行修改，例如将邮箱"265***562@qq.com"修改为"265***652@qq.com"。

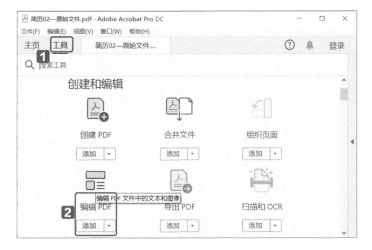

STEP 03 在PDF文档中不仅可以进行文字的编辑，还可以进行图片的编辑，例如更换简历中的照片。选中照片，单击鼠标右键，在弹出的快捷菜单中选择【替换图像】选项。

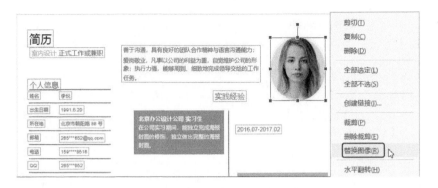

STEP 04 弹出【打开】对话框，找到素材图片所在的文件夹，❶选中需要的素材图片，❷单击【打开】按钮，即可用选中的素材图片替换PDF文档中的照片。

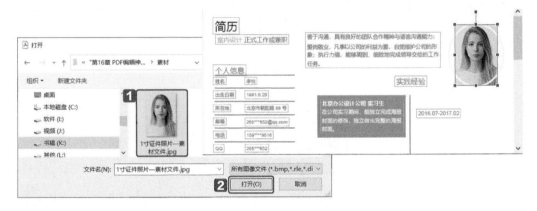

STEP 05 由于原图片有一个椭圆形的边框，图片替换之后，椭圆形依然存在，单击选中椭圆形，按【Delete】键将其删除。修改完毕，单击【关闭】按钮，使PDF文档退出编辑状态。

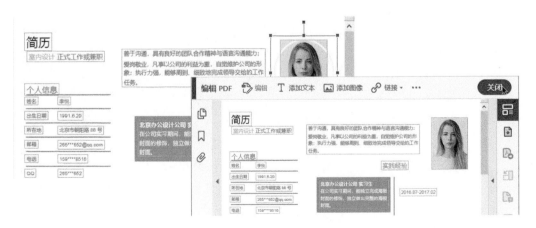

STEP 06 单击【文件】中的【另存为】选项，打开【另存为PDF】对话框，**1**在【文件名】文本框中输入要保存的文件名，**2**单击【保存】按钮，即可将修改后的PDF文档以指定的文件名保存在指定位置。

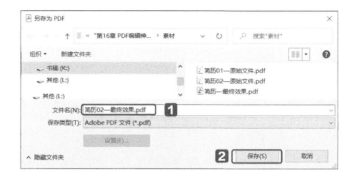

16.4 将图片转换为可编辑的 PDF 文档

在日常工作中，经常需要在网上查询资料，但一些有用的文档却无法下载或复制内容，要解决这个问题，只需要将这些文字通过截图的方式进行保存，然后通过 Acrobat 将图片转换为可编辑的 PDF 文档即可。

通过 Acrobat 将图片转换为可编辑的 PDF 文档的具体操作步骤如下。

配 套 资 源
第16章 \ 扫描图片1—原始文件、扫描图片2—原始文件
第16章 \ 扫描图片1—最终效果、扫描图片2—最终效果

扫码看视频

STEP 01 运行Acrobat程序，**1**单击【文件】按钮，**2**在弹出的下拉列表中选择【打开】选项，弹出【打开】对话框，找到素材图片所在的文件夹，**3**再在默认可以打开的文件类型下拉列表中选择【所有文件（*.*）】选项，**4**选中"扫描图片1—原始文件.jpg"，**5**单击【打开】按钮。

STEP 02 此时即可将图像以PDF格式打开，但是无法对其进行任何编辑操作，例如选择、复制等。1单击【工具】按钮，2在【创建和编辑】组中单击【编辑PDF】按钮。

STEP 03 打开【编辑PDF】任务窗格，在【扫描的文档】组中，勾选【识别文本】复选框，文档中的内容即可被分割成多个可编辑的区域，可以根据需要任意修改里面的文字。

STEP 04 单击【关闭】按钮，关闭【编辑PDF】任务窗格，可以发现文档已经不再是图片格式，可以进行选择、复制等操作。此时，将文档保存为PDF格式，扫描的图像文件就转换为了可编辑的PDF文档。

16.5 将多个 PDF 文档合并为一个 PDF 文档

在上一节中，我们介绍了如何将图片转换为可编辑的 PDF 文档，但是转换完成后，企业的人事管理制度内容分布在了两个 PDF 文档中，不方便查看，这时可以通过 Acrobat 将两个 PDF 文档合二为一，具体操作步骤如下。

配套资源	
	第16章 \ 管理制度1—原始文件、管理制度2—原始文件
	第16章 \ 管理制度—最终效果

扫码看视频

STEP 01 运行Acrobat程序，**1**单击【工具】按钮，**2**在【创建和编辑】组中单击【合并文件】按钮。

STEP 02 打开【合并文件】任务窗格，**1**单击【添加文件】按钮，打开【添加文件】对话框，**2**选中需要合并的文件，**3**单击【打开】按钮。

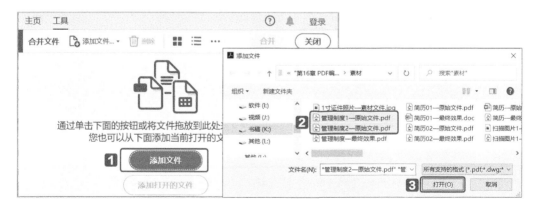

STEP 03 此时即可将选中的PDF文件添加到【合并文件】列表中，在列表中可以通过鼠标拖曳的方式调整文件的位置，然后单击【合并】按钮，即可将列表中的文件合并为一个文档。

STEP 04 合并完成后，按【Ctrl】+【S】组合键将其保存即可。

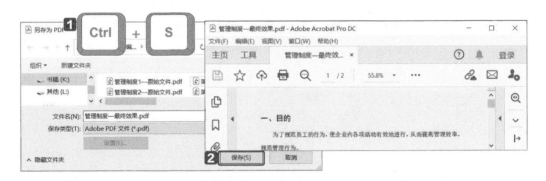

16.6 为 PDF 文档添加水印

日常工作中，常需要为一些比较重要的文件添加公司的水印，具体步骤请扫码观看。

扫码看视频

配 套 资 源
第16章 \ 管理制度3—原始文件
第16章 \ 管理制度3—最终效果